职业技能等级认定培训教材

形象设计师

（中级）

总主编　张晓妍
主　编　蔡克非　胡思云　王　莺

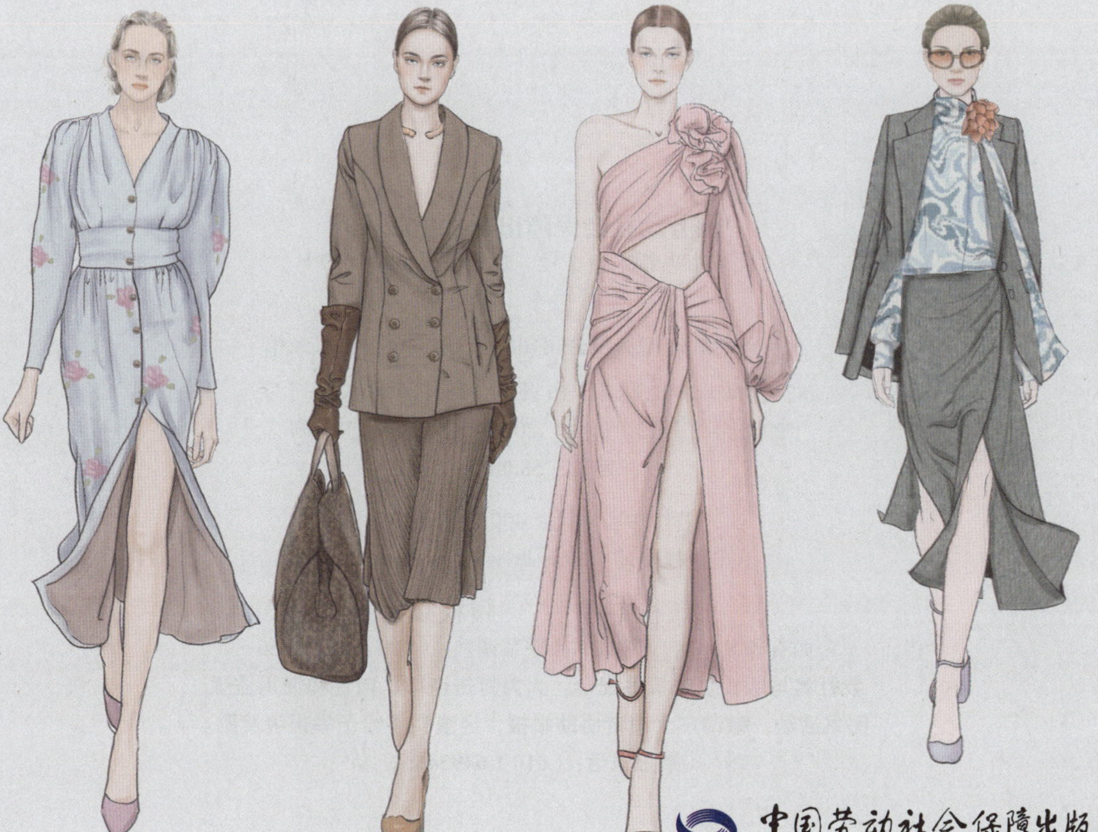

中国劳动社会保障出版社

图书在版编目(CIP)数据

形象设计师：中级 / 蔡克非，胡思云，王莺主编. -- 北京：中国劳动社会保障出版社，2025. --（职业技能等级认定培训教材）. -- ISBN 978-7-5167-6706-1

Ⅰ. B834.3

中国国家版本馆 CIP 数据核字第 2025VK5711 号

中国劳动社会保障出版社出版发行

（北京市惠新东街 1 号　邮政编码：100029）

*

北京市艺辉印刷有限公司印刷装订　新华书店经销

787 毫米 ×1092 毫米　16 开本　15.5 印张　255 千字

2025 年 2 月第 1 版　2025 年 2 月第 1 次印刷

定价：58.00 元

营销中心电话：400-606-6496

出版社网址：https://www.class.com.cn

版权专有　　侵权必究

如有印装差错，请与本社联系调换：(010) 81211666

我社将与版权执法机关配合，大力打击盗印、销售和使用盗版图书活动，敬请广大读者协助举报，经查实将给予举报者奖励。

举报电话：(010) 64954652

本书编审人员

总主编　张晓妍
主　编　蔡克非　胡思云　王　莺
编　者　蔡克非　胡思云　王　慧　王　莺
　　　　叶　萍　张晓妍
主　审　张文英

前　言

为加快建立劳动者终身职业技能培训制度，全面推行职业技能等级制度，推进技能人才评价制度改革，进一步规范培训管理，提高培训质量，有关专家根据《形象设计师国家职业标准（2022年版）》（以下简称《标准》）和职业培训包课程规范编写了形象设计师职业技能等级认定培训系列教材（以下简称等级教材）。

形象设计师等级教材紧贴《标准》和职业培训包课程规范要求编写，内容上突出职业能力优先的编写原则，结构上按照职业功能模块分级别编写。该等级教材共包括《形象设计师（基础知识）》《形象设计师（初级）》《形象设计师（中级）》《形象设计师（高级）》《形象设计师（技师 高级技师）》5本。《形象设计师（基础知识）》是各级别形象设计师均需掌握的基础知识，其他各级别教材内容分别包括各级别形象设计师应掌握的理论知识和操作技能。

本书是形象设计师等级教材中的一本，是职业技能等级认定推荐教材，也是职业技能等级认定题库开发的重要依据，已纳入职业培训包教材资源，适用于职业技能等级认定培训和中短期职业技能培训。

本书在编写过程中得到上海第二工业大学、上海市第二轻工业学校、上海邦德职业技术学院、上海美发美容行业协会等单位的大力支持与协助，在此一并表示衷心感谢。

目 录 CONTENTS

职业模块 1　形象咨询与定位

培训项目 1　形象咨询 ·· 2
　　培训单元 1　顾客档案管理与维护 ·· 2
　　培训单元 2　护理指导 ·· 6
　　培训单元 3　婚礼场合的形象管理需求分析 ··· 13

培训项目 2　形象定位 ·· 16
　　培训单元 1　个人形象测试 ·· 16
　　培训单元 2　婚礼场合的形象风格定位 ··· 29

职业模块 2　服饰设计与搭配

培训项目 1　服饰设计 ·· 32
　　培训单元 1　婚礼礼服类型设计 ··· 32
　　培训单元 2　婚礼礼服修饰设计 ··· 39

培训项目 2　服饰搭配 ·· 46
　　培训单元 1　甜美风格新娘服饰搭配 ··· 46
　　培训单元 2　高贵风格新娘服饰搭配 ··· 52

职业模块 3　化妆设计与造型

培训项目 1　化妆设计 ·· 60
　　培训单元 1　新娘妆设计要素与分类 ··· 60
　　培训单元 2　新娘妆设计要点 ··· 72

培训项目 2　化妆造型 ·· 77

培训单元1　新娘妆操作规范 77
　　培训单元2　西式风格新娘化妆造型 83
　　培训单元3　中式风格新娘化妆造型 106

职业模块4　发型设计与造型

　培训项目1　发型设计 120
　　培训单元1　新娘发型设计要点 120
　　培训单元2　新娘发饰搭配 128
　　培训单元3　新娘发型设计方案制定 135
　培训项目2　发型造型 137
　　培训单元1　新娘发型基本造型 137
　　培训单元2　新娘发型量感造型 162
　　培训单元3　西式风格新娘发型造型 178
　　培训单元4　中式风格新娘发型造型 187

职业模块5　美甲设计与造型

　培训项目1　美甲设计 202
　　培训单元1　新娘美甲设计要素 202
　　培训单元2　礼服造型与美甲设计 206
　培训项目2　美甲造型 208
　　培训单元1　法式新娘甲造型 208
　　培训单元2　婚礼款式甲造型 227

职业模块 1
形象咨询与定位

内容结构图

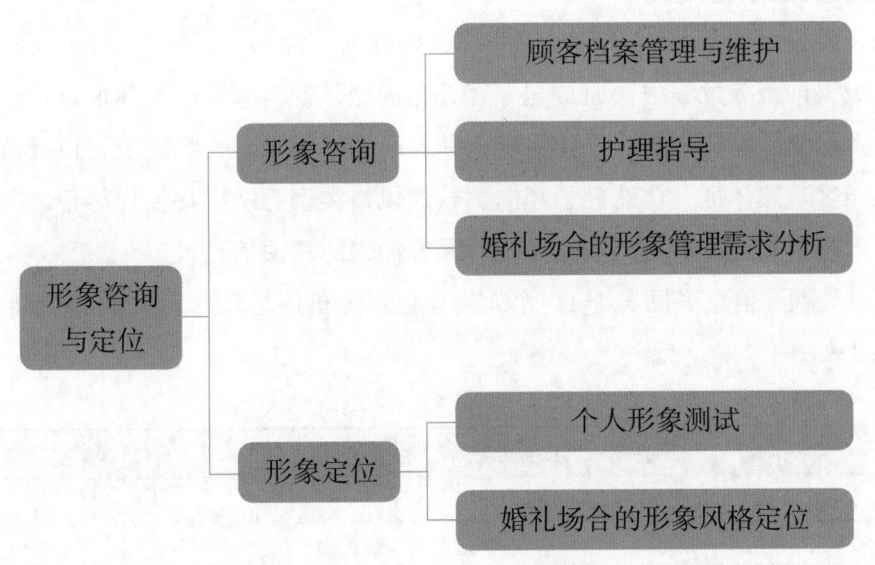

培训项目 1

形象咨询

培训单元1　顾客档案管理与维护

一、档案收集与管理

档案的收集与管理是形象设计工作中非常重要的一个环节，优质的形象设计工作需要数据化、精细化、系统化的档案管理体系作为支撑。

1. 信息的记录与归类

首先，要全面收集与记录顾客的信息，如姓名、性别、年龄、身高、联系方式等。在婚礼形象咨询服务过程中，通过与顾客充分沟通，观察顾客的个体形象特征，探讨其爱好、消费习惯、婚礼安排与设计需求，并及时做好记录。为顾客进行设计测量及分析服务时，顾客自然体征、自然色彩倾向、款式风格类型等结果都要详尽记录并归档。此外，还可以根据实际需求补充婚礼计划、顾客伴侣的相关信息等。

形象设计顾客信息表见表1-1，个人形象色彩分析信息表见表1-2，新娘形象风格分析信息表见表1-3。

表1-1　形象设计顾客信息表

形象设计顾客信息表			编号：
姓名：	民族：		
性别：	籍贯：	宗教信仰：	
学历：	职业/职位：		
身高：	体重：	鞋码：	
出生日期：			

续表

地址：		电话：	
微信：		邮箱：	
性格特点：			
兴趣爱好：			
自我欣赏的方面：			
喜欢的生活方式：		欣赏的公众人物：	
偏爱的色彩基调：		日常喜欢的服装色彩：	
		日常避讳的服装色彩：	
日常服装款式与尺码：		喜欢的着装风格：	
		不喜欢的着装风格：	
理想的礼服款式：		中式：	西式：
喜欢的饰品风格：			
喜欢的图案风格：			
理想的婚礼形式：			
健康状况：			
需解决的困扰：			
理想的完美形象典范：			
婚礼计划：		日期：	
		地点：	
配偶情况（身高、体重）：			
咨询地点：		咨询日期：	

表 1-2 个人形象色彩分析信息表

个人形象色彩分析信息表		编号：	
姓名：	性别：		年龄：
肤色类型：	明度：		
	纯度：		
	冷暖特征：		
	肤质特征：		
毛发色特征：			
眼瞳色特征：			

续表

适合用色范围：	
不适合用色范围：	
建议配色效果：	
其他：	
设计顾问（签名）：	顾客（签名）：
咨询地点：	咨询日期：

表1-3 新娘形象风格分析信息表

新娘形象风格分析信息表		编号：	
姓名：	性别：		年龄：
（正面露耳照片）	脸形		
	眉形：		眼形：
	鼻形：		唇形：
	肤质/肤色：		
	发质/毛发色：		
面部整体轮廓：		表情印象：	
身线特征：		体形：	
身高：	体重：		肩宽：
上臂围：	臂长：		肘长：
手腕围：	前中长：		背长：
腰围高：	直裆深：		头长：
头宽：	胸围：		腰围：
臀围：	大腿围：		鞋码：
骨架大小	□小　□偏小　□中　□偏大　□大		
体貌量感	□小　□偏小　□中　□偏大　□大		
面部直曲	□曲　□偏曲　□适中　□偏直　□直		
动静美感	□静　□偏静　□适中　□偏动　□动		
风格类型	偏曲线形：□可爱型　□浪漫型　□温婉型 偏直线形：□经典型　□简约型　□前卫型		
形象调整目标：			

续表

风格分析结论：	面部比例_____，身材_____，整体量感_____，偏_____线形印象，更适合_____的美感，属于_____型风格
婚礼礼服类型设计建议：	
设计顾问（签名）：	顾客（签名）：
咨询地点：	咨询日期：

2. 随访资料的收集与管理

形象设计工作包括色彩类型分析、风格定位与分析、衣橱管理、婚期服饰搭配设计方案制定、婚前个人护理指导、购物指导、化妆与发型指导等。

在服务过程中，需要定期随访，并详细填写每次的随访记录表（见表1-4），在随访时可适当向顾客推送时尚资讯。

表1-4 形象设计随访记录表

形象设计随访记录表	编号：
时间：	地点：
随访项目：	
色彩类型：	风格类型：
设计内容：	
顾客意见：	

二、隐私保护

应对顾客的信息资料实行专人专管，防止外泄和滥用。未经本人允许，不得将顾客肖像和个人资料用于商业活动。遵守职业道德与保持初心是建立服务信誉的基础。

填写顾客资料登记表

操作步骤

步骤1 请顾客就座,为顾客提供适宜的饮品,双手将饮品端至桌面或递给顾客。

步骤2 形象设计师坐在顾客的对面,向顾客介绍工作流程,以及需要记录的信息情况。

步骤3 将信息表和笔递给顾客,告知需要填写的部分,请顾客填写表格。在顾客填表过程中,形象设计师应观察顾客的自然色、自然形等外貌因素。

步骤4 形象设计师详细记录顾客的体貌特征、身体测量数据,确保对顾客负责,让顾客放心。

步骤5 填写完毕,对顾客资料登记表进行编号,放入相应的档案盒中。

培训单元2 护理指导

一、面部皮肤护理

1. 面部皮肤一般护理

新娘须在婚礼举行前的一个月就开始对面部皮肤进行细致护理,形象设计师需要为她提供日常护肤建议,并每周电话随访。皮肤护理建议如下。

(1)洁面。选择适合肤质的温和洁面产品清洁面部。每天2次,早晚各1次。

(2)去角质。用温和的去角质产品去除面部死皮细胞,促进新陈代谢。每周1次。

(3)保湿补水

1)用质地轻薄的保湿霜补充皮肤水分。每天2次,早晚各1次。

2）用适合肤质的补水面膜为皮肤提供营养。每周 1~2 次。

（4）防晒。阳光中的紫外线会加速皮肤老化和色斑形成，无论是晴天还是阴天，都要使用 SPF 值（防晒指数）适宜的防晒霜。

（5）其他

1）保持均衡饮食，多摄入富含维生素和抗氧化剂的食物。

2）保持充足睡眠和适度运动，提高新陈代谢。

3）避免熬夜，保持规律作息习惯。

此外，形象设计师应在婚前试妆阶段为顾客提供皮肤测试服务，确保婚礼当天使用的彩妆品不会引起顾客的皮肤过敏反应。如有过敏反应，可以与顾客沟通协商，选用适合顾客肤质的产品，并让顾客试用几次，在婚礼前对彩妆品建立耐受。

2. 不同肤质的护理建议

对于中性肤质以及状态良好的其他类型肤质，可以采用上述方式做好婚前的皮肤护理。但对于特别脆弱或油腻的肤质，如问题较为严重的干性、油性、敏感性皮肤，则需要及时调整。若皮肤问题非常严重，建议及时就医。

（1）干性皮肤。严重的干性皮肤是指皮肤缺乏水分和油脂，导致干燥、粗糙、紧绷、脱屑、瘙痒等症状，这种情况在冬季或低湿度环境下会更为严重。严重的干性皮肤成因多样，在为皮肤干燥的顾客提供服务时，需要找到皮肤问题产生的根本原因，给出可行的方案。

针对干性皮肤有以下建议。

1）洁面。选择温和、无皂基的洁面产品。避免使用含有酒精或其他刺激性成分的产品，以免使皮肤更加干燥。

2）保湿。每天早晚使用含有透明质酸、甘油、石蜡、鳄梨油等成分的保湿霜或乳液。此外，还需每周使用 1~2 次保湿面膜，如含有玻尿酸、胶原蛋白等成分的面膜。

3）防晒。每天使用 SPF≥30 的、具有一定滋润度的防晒霜，即使在阴天或室内也不例外。

4）避免过度去角质。对于干性皮肤来说，过度去角质可能会导致皮肤更加脆弱，应根据皮肤状况确定去角质的频率。

5）饮食与水分。饮食以清淡为主，并保持充足的水分摄入。

6）生活作息。保持良好的作息和饮食习惯，避免过度紧张，避免暴饮暴食或过度节食。

7）其他。若气候干燥，可以在室内使用加湿器增加空气中的湿度，有助于缓解皮肤干燥。

（2）油性皮肤。严重的油性皮肤是指皮肤分泌过多的油脂，导致皮肤油腻、毛孔粗大，容易长痘痘和黑头粉刺，在T区（额头、鼻子和下巴）尤为明显。严重的油性皮肤成因多样，对于有皮肤出油过多问题的顾客，建议采取以下措施来改善。

1）洁面。每天温水洗脸，选择适合油性皮肤的洁面产品，如含有水杨酸或绿茶提取物的产品。注意，含碱性物质和酒精的产品并不能去油，反而会让皮肤受到刺激而更加油腻。

2）去角质。使用温和的去角质产品，去除死皮细胞，减少毛孔堵塞，每周1~2次。

3）保湿。油性皮肤若不保湿反而会分泌更多油脂，可以选择轻薄的无油保湿产品，如凝胶或乳液。

4）防晒。选择无油、不堵塞毛孔的防晒霜，每天使用。

5）面膜。每周使用1~2次深层清洁面膜，帮助吸附并去除多余的油脂和杂质。

6）饮食与作息。减少摄入油腻、辛辣和糖分高的食物，多吃新鲜蔬果，保持饮食均衡。调整作息，避免熬夜。适量运动，提高新陈代谢。

7）其他。避免频繁挤压痘痘，手上的油脂和细菌可能会导致痘痘加重，会引起感染和炎症。经常更换干净的枕套、毛巾和衣物，避免细菌滋生。避免长时间暴露在潮湿环境中，否则会加重油脂分泌。

（3）敏感性皮肤。严重的敏感性皮肤是指皮肤对外界刺激物质非常敏感，容易出现红肿、瘙痒、刺痛、烧灼感等不适症状，通常会对化妆品、洁面产品、香水、气候变化、紫外线等产生过敏反应。其原因多样，若顾客有较明显的皮肤敏感症状，建议采取以下措施来改善。

1）洁面。每天早晚各1次，选择温和、无皂基的洁面产品，最好是无香料和无色素的，以免刺激皮肤。洗脸时用温水，不要用热水。

2）保湿。洗脸后立即使用温和、无刺激性的保湿产品，如含有天然成分的保湿霜或乳液。避免使用含有人工添加剂和香料的产品，也不要经常更换护肤品。

3）防晒。敏感性皮肤容易受到紫外线的伤害，因此在户外活动时务必使用防晒霜。选择SPF值适当的防晒霜，并定时补涂。

4）饮食与作息习惯。保持均衡的饮食，多摄入富含维生素C和维生素E的食物，如柑橘类水果、蔬菜和坚果。避免摄入过多辛辣食物和刺激性食物。同时，保持充足的睡眠和适度的运动，以提升整体肌肤状态。

5）其他。尽量减少压力和焦虑，以免加重皮肤问题。采用自身皮肤耐受的彩妆品，不要经常更换。婚礼当天使用的彩妆品尽可能是日常习惯使用的品牌。

3. 饮食建议

为了呈现良好的皮肤状态，饮食也非常重要。皮肤护理饮食建议见表1-5。

表1-5 皮肤护理饮食建议

名称	说明
高质量蛋白质	蛋白质是皮肤的重要组成部分，有助于修复和再生皮肤细胞，建议适量食用鱼类、瘦肉、豆类和乳制品等高质量蛋白质食物
水果和蔬菜	水果和蔬菜富含维生素、矿物质和抗氧化剂，有助于维护皮肤健康，建议适量食用深色蔬菜和水果，如菠菜、胡萝卜、西蓝花、蓝莓、紫葡萄等
坚果	坚果富含健康的脂肪酸、维生素和矿物质，有助于保持皮肤弹性和水分，建议适量食用
全谷物	全谷物富含纤维、维生素和矿物质，有助于维持肠道健康，从而改善皮肤状况，建议适量食用燕麦、全麦面包、糙米等
水	保持充足的水分摄入对皮肤健康也很重要，建议每天饮用足够的水，以保持身体水分平衡

二、头发护理

1. 头发一般护理

头发的健康洁净有助于提升气质，在咨询环节，形象设计师可以给予顾客头发护理建议，具体内容见表1-6。

表1-6 顾客头发护理建议

环节	护理建议
洗发	每周使用一次深层清洁的洗发水去除头皮上的污垢和残留物，做好日常清洁
护发	使用具有滋养和修复功能的护发素或发膜，帮助改善发质，减少发丝断裂、掉发等
头皮按摩	每天花几分钟进行头皮按摩，可以促进血液循环，增加头皮的养分供应，有助于头发的健康生长
其他	避免过度烫染，吹发时温度不宜过高 定期修剪发梢 扎束或编发时，避免过拉扯紧

2. 不同发质的护理

在一般护理基础上，可以根据顾客的发质情况对护理方案进行调整，见表1-7。

表1-7 不同发质的护理

发质类型	清洁要点	护理要点	注意事项
干性	选择含有天然油脂和保湿成分的洗发产品；避免频繁洗发，每周2~3次即可	每周使用一次深层滋养的发膜或护发素，补充头发所需的营养	尽量避免使用热工具，如吹风机、卷发棒和直发器
油性	选择含有柠檬酸或水杨酸成分的洗发产品；每天洗发，保持头皮清洁	避免过度使用护发素或发膜，以免增加头发的油腻感	尽量减少触摸头发，以免刺激头皮分泌更多的油脂
粗硬	使用温和的洗发产品；避免使用含有硬质表面活性剂的产品，以免造成头发干燥和毛糙	每周使用一次深层滋养的发膜或护发素，帮助软化和顺滑头发；可以使用柔顺剂或护发油来减少头发的毛糙和打结	定期修剪发梢，防止开叉
细软	选择含有蛋白质和氨基酸成分的洗发产品，增加头发支撑力；避免使用含有硅油的洗发产品，以免头发更加柔软无力	可以尝试使用定型喷雾或凝胶来增加发型的持久度和立体感	定期修剪发梢，以去除分叉和受损的发丝

3. 饮食建议

饮食结构调整对头发护理很有帮助，头发护理饮食建议见表1-8。

表1-8 头发护理饮食建议

营养成分	说明
蛋白质	头发主要由蛋白质构成，建议食用瘦肉、鱼类、豆类、坚果和乳制品等富含蛋白质的食物
维生素	维生素对头发生长和健康起着重要作用，建议摄入富含维生素的食物，如胡萝卜、菠菜、柑橘类水果、坚果、鱼类和全谷物
矿物质	锌、铁、硒和铜等矿物质对头发健康至关重要，建议摄入富含这些矿物质的食物，如瘦肉、海鲜、豆类、坚果和全谷物
水	建议每天饮用足够的水，以保持身体水分平衡，外秀于发

此外，过度加工的食品通常含有高糖、高盐和高脂肪，对头发健康不利，应尽量避免食用。

三、减脂塑身

1. 制订减脂塑身计划

婚礼前一个月,顾客可以实行表1-9的一个月减脂塑身计划,以有效改善体形,挺拔体态。

表1-9 一个月减脂塑身计划

阶段	任务	说明
第一阶段（第1~7天）	调整饮食习惯	详见"减脂饮食建议"
第二阶段（第8~14天）	增加运动量	有氧运动：每天进行30~60 min的有氧运动,可以选择在早晨或晚上进行
		力量训练：此阶段进行2~3次全身肌肉锻炼,每个动作3组,每组12~15次
		拉伸运动：每次运动后进行5~10 min的拉伸运动,以保持肌肉柔韧性
第三阶段（第15~30天）	巩固成果	继续保持健康的饮食习惯,适当调整饮食结构,增加蔬菜和水果的摄入量
		保持进行有氧运动和力量训练的习惯,根据自己的身体状况适当调整运动强度和时间

在整个减脂塑身期间,顾客应注意保持良好的作息习惯,并保证充足的睡眠。形象设计师应每周电话随访,了解顾客的改善情况。

2. 运动塑身建议

饮食可以控制体重,运动可以塑造身形,双管齐下,效果显著。运动塑身方式见表1-10。

表1-10 运动塑身方式

名称	说明
有氧运动	有助于燃烧脂肪,提高心肺功能,促进代谢。建议每周进行3~5次,每次30~60 min。有氧运动可以选择跑步、游泳、骑自行车、跳绳等
力量训练	可以增加肌肉量,提高基础代谢率,帮助燃烧更多的脂肪。建议每周进行2~3次,每次30~60 min。力量训练可以选择深蹲、俯卧撑、仰卧起坐、哑铃训练等
拉伸运动	拉伸运动可以帮助放松肌肉,预防运动损伤。建议每次运动后进行5~10 min的拉伸运动
间歇性训练	间歇性训练是一种高强度的有氧运动方式,可以在短时间内燃烧大量脂肪。建议每周进行1~2次,每次20~30 min。间歇性训练可以选择高强度间歇训练

在进行运动时，要注意以下几点。

（1）逐渐增加运动强度和时间，避免过度运动导致受伤。

（2）保持正确的运动姿势，避免运动过程中出现错误的动作导致受伤。

（3）运动前后要做好热身和拉伸运动，预防运动损伤。

（4）保持充足的水分摄入，避免脱水。

（5）根据自己的身体状况适当调整运动强度和时间，避免过度运动导致身体不适或受伤。

3. 减脂饮食建议

（1）减脂期饮食结构。减肥并不意味着要饿肚子或刻意忌口，一个健康的饮食计划应该包含各种营养丰富的食物，以确保身体得到所需的营养。但对于计划一个月内达到减脂塑身目标的人而言，仍需要遵循"摄入量＜消耗量"的原则，不宜一次性摄入过多食物，以少食多餐为宜。

减脂期饮食结构见表1-11。

表1-11 减脂期饮食结构

名称	说明
蛋白质	有助于产生饱腹感，防止过度饮食，可以选择鱼、鸡、豆腐、鸡蛋、奶制品等
粗粮	富含膳食纤维，有助于保持饱腹感，可以选择全麦面包、燕麦、糙米、藜麦等
蔬菜和水果	富含维生素和矿物质，且热量较低，尽量选择颜色丰富的蔬菜和水果，因为它们通常含有更多的抗氧化剂
健康的脂肪	提供能量，帮助吸收脂溶性维生素，可以选择鱼、牛油果、坚果等
水分	有助于保持饱腹感，提高新陈代谢，排除体内废物

此外，减脂期应限制糖分和加工食品的摄入，如糖果、甜饮料、薯片等。这些食物通常热量高，营养价值低。

（2）减脂期饮食计划。减脂期应控制餐量，每餐吃到七分饱，避免暴饮暴食，可以采用少食多餐制，有助于控制饥饿感和提高新陈代谢。减脂期饮食计划见表1-12。

表1-12 减脂期饮食计划

名称	说明
早餐	选择高纤维、低热量的食物，如燕麦粥、全麦面包、鸡蛋和水果，避免油腻、高糖的食物
午餐	以蔬菜为主，搭配瘦肉（如鸡胸肉、鱼肉等），减少淀粉类食物的摄入，可以适量摄入豆腐、瘦肉、鸡蛋等含优质蛋白质的食物

续表

名称	说明
晚餐	以蔬菜和瘦肉为主,避免油腻、高热量的食物,可以选择炖菜、蒸菜等低脂烹饪菜式
零食	适量摄入坚果、水果等健康零食,避免高糖、高脂肪零食
饮水	每天足量饮水,保持身体水分平衡,避免喝含糖饮料
控制餐量	

培训单元 3　婚礼场合的形象管理需求分析

一、TPO 原则分析

TPO 原则是指时间（time）原则、地点（place）原则和场合（occasion）原则。

1. 时间原则

婚礼举行的不同时段和流程顺序会对礼服的选配提出不同的要求。白天选择行动方便、不过于夸张的款式造型，满足迎亲仪式和户外拍摄需求，夜间根据宴会的具体时间和流程准备 2~3 套面料、色彩、款式较为华美的礼服。

2. 地点原则

婚礼举行的地点会对礼服制式的变化产生重要影响。不同的国家和地区都有各自的婚俗，礼服款式搭配要因地制宜、入乡随俗，"穿得对"比"穿得美"更重要。不同的活动地点也会影响礼服的选择。例如，在露天公园举行婚礼与在酒店礼堂进行婚礼宴请对礼服的要求就有很大差异。

3. 场合原则

婚礼场合不同也会影响礼服的选择。很多情况下，一天内会更换不同的场景，形象设计师要为新娘准备相应的礼服进行更换。有些新人需要分别在各自的家乡举行婚宴。在一些对结婚礼俗特别重视的地区，婚宴不止一种，举行时间也不止一天。我国主要的婚宴类型有主婚宴、回门宴、答谢宴等，新娘都要得体装扮。

（1）主婚宴。主婚宴常选择黄道吉日举行，有接亲仪式、婚礼致辞和交换戒指仪式等。要为新娘准备出门婚纱、仪式婚纱和敬酒服等礼服,中式婚礼也有特定的礼服制式。

（2）回门宴。回门宴一般在结婚后第三日或满月日举行,邀请女方亲朋好友参加。回门宴规模较小,新人可以选择喜庆的礼服,如小礼服或中式改良礼服等,但不可穿着举行主婚宴时穿过的礼服。

（3）答谢宴。答谢宴是正式婚礼之后在异地举行的婚宴。除了不宜进行主婚宴的宣誓和戒指交换仪式外,其他祝福仪式都可以进行。新人可以结合当地的婚庆习俗选择具有地域风情的盛装礼服。

二、新娘形象风格分析

通过对顾客自然条件的测试,可以深入了解其形象色彩特点、体形特点,以及身线、骨重特点,从而准确把握其形象风格特点。

1. 对顾客自然特征的分析

（1）通过对顾客的肤色、毛发色和眼瞳色的观察与比对,可以分析其形象的固有色类型,并为其选配专属的形象色彩组合。通过测量身体比例,可以分析人物体形的特点,进而确定修饰体形所需的服装款式设计要点。通过对头形和脸形的观测与判断,可以分析确定妆发设计要点。

（2）人物形象的风格分析还需要考虑顾客的量感。其中,身形的曲直感是分析对象着装风格的重要原则。曲线形身材给人圆润的美感,具有溜肩、圆腰、翘臀等身线特点;而直线形身材则显得平实,偏中性化,通常身形扁平,具有平肩、扁腰、平臀等身线特点。

（3）骨重的差异也是人物形象风格分析的重要因素之一。骨重指的是骨架大小的量感。对比相同身高的两个人,骨架大的人会给人壮硕的重量感,而骨架小的人则会给人娇小的轻量感。这种差异可以通过观察和比较来分析、判断,作为设计的考量因素。

2. 以 TPO 原则分析顾客形象的风格类型

在顾客个人的自然条件基础上,还需结合婚礼风格和场合等多种因素,提炼顾客形象风格设计的需求与要素。由于婚礼策划的环境与风格各异,新人的形象既要突显个人特点,又要融入婚宴的喜庆氛围中。

根据 TPO 原则,新娘形象风格的基本类型如下。

（1）西式风格适用于西式婚礼仪式,注重优雅、浪漫和精致的设计。服饰可以选择华丽的长礼服或婚纱,色彩以白色、粉色等柔和色调为主。发型可以选择盘发或波浪卷发,妆容以清新自然为主。

（2）中式风格适用于中式婚礼仪式，注重古典、庄重和雅致的设计。服饰可以选择华丽的旗袍、龙凤褂或汉服，色彩以红色、金色等鲜艳色调为主，发型可以选择传统的盘发，妆容以淡雅、喜庆的红妆为主。

（3）现代风格适用于现代婚礼仪式，注重时尚、个性和简约的设计。服饰可以选择简约而时尚的婚纱或礼服，发型可以选择清爽的直发或短发，妆容以自然、清透为主。

（4）民族风格适用于具有特定民族特色的婚礼仪式，注重传统、独特和富有民族风情的设计。服饰可以选择具有民族特色的婚纱或礼服，发型可以选择与民族特色相符的发式，妆容则以突出民族特色为主。

操作技能

分析顾客需求

操作步骤

步骤 1 向顾客介绍形象设计的服务范围与内容、形象设计师的资质与能力，以及形象设计机构的特色与服务产品，让顾客对形象设计工作有一个初步了解。

步骤 2 询问顾客有哪些基本需求，如希望在婚礼上呈现怎样的形象与表现，包括自己、家人、朋友的期望等。通过询问，了解顾客及其家庭对于婚礼形象的要求，产生一个大致的设计方向。

步骤 3 进一步询问顾客的爱好、生活习惯以及婚期规划，观察顾客的气质、体貌特征与表情。

步骤 4 根据沟通和观察，与顾客确认形象设计需求。对于目标尚不明确的顾客，可以从专业角度给予一些建设性意见，帮助顾客明确需求，有助于服务工作的顺利开展。

步骤 5 询问顾客婚礼策划情况，根据 TPO 原则，与顾客共同探讨与婚礼的时间、地点和主题相关的形象设计构想。

步骤 6 与顾客明确设计目标，编制形象设计工作方案和实施计划。

培训项目 2 形象定位

培训单元 1　个人形象测试

一、测试工具的类别与使用方法

形象设计机构需要提供一个独立安静、环境优美的工作空间,以便为顾客进行形象测试服务。这个工作空间应备有可以演示讲解的案例资料、色彩体系、色布、礼服基本款等展示物品。

在进行测试时,可以在一个较宽敞的化妆镜台前操作。化妆镜面应该明亮、洁净,在镜台前面配备高低适中、轻便舒适的座椅。

此外,测试空间应该有充足的自然光源,操作台上可以放置色卡、色布、化妆用品、丝巾、饰品以及领形模板等测试工具。

1. 色彩和造型测试工具

(1) 白色围布。白色围布用于测试和观察人体色彩。通常围系在顾客的脖颈下,使顾客不受其他外在环境色的影响,帮助形象设计师更准确地观测和评估其肤色。

(2) 专业色卡。专业色卡用于色彩测试,可以帮助形象设计师制作顾客专属的配色方案。其中,国际认证的 PCSS 色卡是一种常用的专业色卡,色彩范围广泛,可用于测试不同色彩的亮度、纯度和色调等方面的差异。另外,肤色比对色卡也是一种常用的专业色卡,包含一系列不同肤色的样本,可以帮助形象设计师更好地了解和比较不同肤色的特点。

（3）专业色布。专业色布用于面部色彩配色测试。形象设计师将不同色彩的色布分别放在顾客的脸颊旁或者围绕在脖颈上，观察比较能突显顾客自然美和个人特色的色彩，选择能与顾客肤色、婚礼主题相协调的服装色彩。

（4）妆发用品与工具。妆发用品与工具包括发夹、梳子、洁面巾、化妆棉、棉签、化妆品、化妆刷等，用于为顾客提供妆容和发型的设计。

（5）饰品。可以让顾客直观体验各种饰品的色泽、图案、款式等因素，明确其对形象设计风格的偏好。

（6）顾客专属的色彩试样本。这是形象设计机构为顾客量身定制的一种工具，用于记录顾客适合的色谱。通过色彩测试，确定顾客适合的颜色范围后，形象设计师将这些色彩剪贴到一个样本中，制作顾客专属的色彩试样本。色彩试样本可以包括不同色彩的色卡、面料样本、配饰样品等，以展示顾客所喜欢的色彩在不同材质和物品上的效果。

2. 风格测试工具

（1）领形模板。领形模板（见图1-1）是一种用于测试不同领形与脸形匹配情况的工具，也可以用来测试不同领形与颈部线条的协调性。

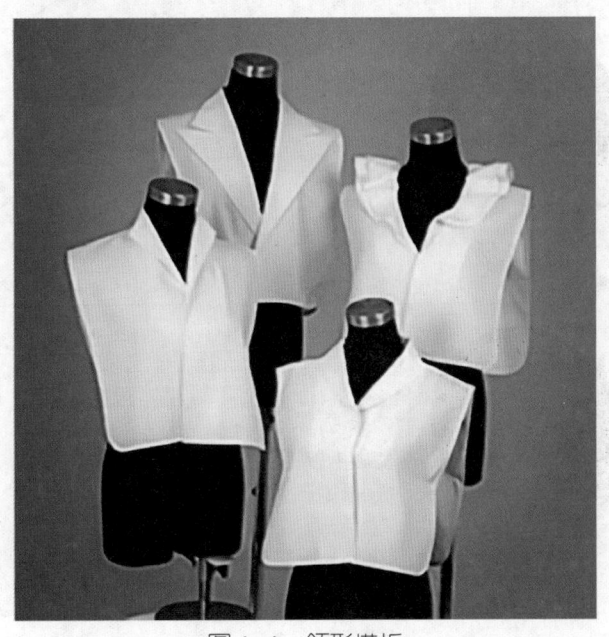

图1-1　领形模板

（2）不同风格的面料样本。采集不同质感和纹样的面料样本，如缎面、网纱、色丁、乔其纱、烂花纱、涤纶纱等，进行风格元素的比较分析。

（3）基本款礼服样衣。龙门架陈列2~3套基础款礼服样衣，如X廓形、H廓形、S廓形等。通过让顾客试装，为其选择适合的廓形风格。

3. 身体测试工具

常用的身体测量工具有皮尺、绘图纸、记号笔。通常用皮尺测量顾客的身线比例，并在绘图纸上用记号笔标画测量位置与数据。

二、顾客自然体色的测试服务

人的固有色特征是一个人未曾修饰的自然色彩，由头发色彩、眼睛色彩和皮肤色彩这三大要素构成，也是判断个人用色规律的关键因素，其中皮肤色彩面积最大。

国际色彩机构CMB（Colour Me Beautiful，色彩形象咨询专业机构）将人的固有色特征以三类色彩关系进行观测、分析，即明度差异、纯度差异、色相差异。根据这三个维度的差异，CMB归纳了12种皮肤色类型（见表1-13）。

表1-13　皮肤色类型

皮肤色类型		肤色试样	明度	纯度	色相	特点
深色型	深冷型		肤色深重，明度低	适中	偏冷	肤色底调偏青黄或为暗青色。发色深重，眼睛色深，眼白呈淡青蓝色
	深暖型		肤色深重，明度低	适中	偏暖	肤色整体色彩浓重，底调偏暖色。发色深重，眼睛色深，眼白色彩正常

续表

皮肤色类型		肤色试样	明度	纯度	色相	特点
浅色型	浅冷型		肤色白皙，明度高	适中	偏冷	肤色轻浅，发色、眼睛色不深重，三色对比不分明。浅冷型人容易脸红，常表现为粉色的面容
	浅暖型		肤色白皙，明度高	适中	偏暖	肤色轻浅、偏暖黄，与发色、眼睛色对比不分明
冷色型	冷亮型		适中	高，色彩干净、明亮	冷	肤色底调有青冷感，整体明显偏黄，即青底调带有黄和蜡黄，与发色、眼睛色对比适中
	冷柔型		适中	低，色彩柔和	冷	肤色呈柔和的玫瑰色，但有一点儿灰暗。这种肤色一般伴有乌黑、粗重的头发和深色的眼睛
暖色型	暖亮型		适中	高，色彩干净、明亮	暖	肤色底调偏橙色，头面部色彩整体明度偏高一些，肤质偏薄，皮肤白皙，常伴有肉粉色红晕。发色明快偏棕，眼睛明亮，眼白也有淡蓝色的

续表

皮肤色类型		肤色试样	明度	纯度	色相	特点
暖色型	暖柔型		适中偏低	低，色彩柔和	暖	肤色底调偏橙色，明度偏低，不似暖亮型明媚，肤质偏厚重。发色深且柔和，眼睛明亮
净色型	净暖型		适中	高，色彩干净、明亮	暖	肤色偏暖，有象牙色的基调，色感纯净。眼睛明亮有神，发色偏深，与皮肤形成很强的色彩反差
	净冷型		适中	高，色彩干净、明亮	冷	肤色偏冷，发色更青黑一些。眼睛明亮有神，与头发、皮肤形成很强的色彩反差
柔色型	柔暖型		适中	低，色彩柔和	暖	肤色整体偏暖，面颊两侧呈现橄榄绿的调子。发色、眼睛色、肤色对比弱
	柔冷型		适中	低，色彩柔和	冷	肤色整体偏冷，常呈现玫瑰色的调子。发色、眼睛色、肤色对比弱

顾客体色测试流程

操作步骤

步骤 1 为顾客束发、净面、围上白围布，准备色卡与色布。

步骤 2 仔细观察顾客面部的色彩特征，判断固有色第一印象：深、浅、冷、暖、净、柔。

步骤 3 对色彩第一印象进行观测，确定人体固有色的第一特征。用肤色色卡比对相应的肤色色号，记录化妆基底色特点。

步骤 4 找出相应的色布，根据顾客固有色的明度、纯度、色相差异，依次叠放进行测试。

（1）根据顾客固有色特征的深浅进行测试，得出初步用色原则。

1）如果顾客的固有色特征是浅色型，则以高明度的暖色布与高明度的冷色布进行面容色彩比较，区分浅暖与浅冷；再以高纯度的暖色布与中低纯度的暖色布测试、判断此浅暖型肤色是偏明艳还是偏柔和，或以高纯度的冷色布与中低纯度的冷色布测试、判断此浅冷型肤色是偏明艳还是偏柔和。可得出浅色型顾客的形象用色原则。

2）如果顾客的固有色特征是深色型，则以低明度的暖色布与低明度的冷色布进行面容色彩比较，区分深暖与深冷；再以高纯度的暖色布与中低纯度的暖色布测试、判断此深暖型肤色是偏明艳还是偏柔和，或以高纯度的冷色布与中低纯度的冷色布测试、判断此深冷型肤色是偏明艳还是偏柔和。可得出深色型顾客的形象用色原则。

（2）根据顾客固有色特征的冷暖倾向进行测试，细化用色结论。

1）如果顾客的固有色特征是暖色型，则以中高纯度暖色布与较低纯度的暖色布进行面容色彩比较，区分暖亮与暖柔；再以中高纯度、深浅不一的暖色调组布测试、判断此暖亮型肤色是偏深色还是偏浅色，或以较低纯度、深浅不一的暖色调组布测试、判断此暖柔型肤色是偏深色还是偏浅色。可得出暖色型顾客的形象用色原则。

2）如果顾客的固有色特征是冷色型，则以中高纯度的暖色布与较低纯度的冷色布进行面容色彩比较，区分冷亮与冷柔；再以中高纯度、深浅不一的冷色调组布测试、判断此冷亮型肤色是偏深色还是偏浅色，或以较低纯度、深浅不一的冷色调组布测试、判断此冷柔型肤色是偏深色还是偏浅色。可得出冷色型顾客的形象用色原则。

（3）在顾客固有色特征深浅、冷暖判断的综合区间内，根据净、柔特征进行测试，获取顾客专属的用色范围。

1）如果顾客的固有色特征是净色型，则以极高纯度的暖色布与极高纯度的冷色布进行面容色彩比较，区分净暖与净冷；再以极高纯度、深浅不一的暖色调组布测试、判断此净暖型肤色是偏深色还是偏浅色，或以极高纯度、深浅不一的冷色调组布测试、判断此净冷型肤色是偏深色还是偏浅色。可得出特定深浅、冷暖体色类型区间内净色型顾客的形象用色原则。

2）如果顾客的固有色特征是柔色型，则以低纯度的暖色布与低纯度的冷色布进行面容色彩比较，区分柔暖与柔冷；再以低纯度、深浅不一的暖色调组布测试、判断此柔暖型肤色是偏深色还是偏浅色，或以低纯度、深浅不一的冷色调组布测试、判断此柔冷型肤色是偏深色还是偏浅色。可得出特定深浅、冷暖体色类型区间内柔色型顾客的形象用色原则。

步骤 5 通过层层观察、比较、推导，获取顾客专属的用色范围，指导顾客进行礼服选配、配饰选用、化妆美发等方面的配色。

三、顾客体貌的测量服务

西式婚纱礼服对新娘的身材要求很高，形象设计师需要了解新娘的体形特征，并对其身体各部位进行准确测量，获得精准数据。

操作时请顾客进入更衣区，让顾客身着内衣或紧身衣接受测量，并记录数据。

1. 人体基准点识别

人体基准点是身体各部位维度测量的连接点。人体基准点分布如图 1-2 所示，基准点说明见表 1-14，形象设计师要对相关知识了然于心。

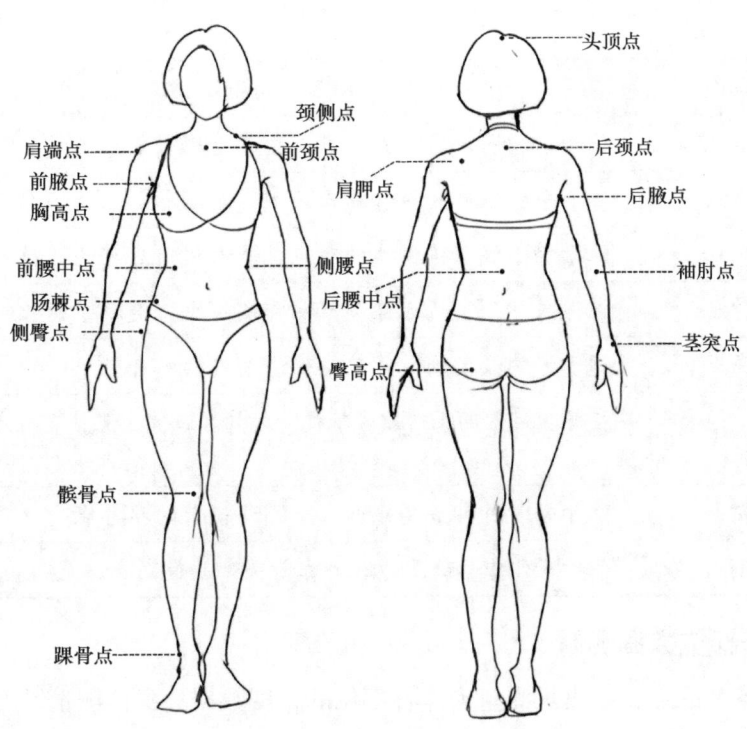

图 1-2 人体基准点分布

表 1-14 人体基准点说明

序号	基准点	说明
1	前颈点	位于左右锁骨连接中点,是服装领窝点定位的参考依据
2	颈侧点	位于颈根侧弧线与上肩交界点,此点垂直向上是耳根位置,通常是测量服装前衣长的参考点
3	后颈点	位于第七颈椎处,是测量人体背长的起始点,也是测量服装后衣长的起始点
4	肩端点	位于肩部两侧端点,是测量肩宽的参考点、服装袖长的起始点和服装衣袖缝合的对位点
5	胸高点	胸部最高的位置,即乳头位置,是女装结构中确定胸省省尖的参考点
6	肩胛点	位于后背肩胛骨最高点,是确定肩省省尖的参考点
7	前腋点	位于胸部与手臂的交界处,是测量前胸宽的基准点
8	后腋点	位于背部与手臂的交界处,是测量背宽的基准点
9	袖肘点	位于人体肘关节的前端,是确定服装袖弯线曲势的参考点
10	前、后腰中点	位于人体前、后腰部中点处,是确定上下分割线的参考点

续表

序号	基准点	说明
11	侧腰点	位于前腰与后腰的分界点,是测量裤长或裙长的参考点
12	茎突点	位于手腕根部的桡骨突出顶端,是测量臂长的基准点
13	侧臀点	位于臀围线与体侧线的交点,是人体前后臀的分界点
14	髌骨点	在膝盖骨处,位于膝关节的前端中央,是测量裙长的参考点
15	臀高点	位于臀部最高处,是确定臀省省尖的参考点
16	肠棘点	在骨盆位置的上前髂骨棘处,为骨盆最突出点,是确定中臀围线的位置
17	踝骨点	位于踝骨外部最高点处,是测量腿长的参考点
18	头顶点	位于人体中心线上方、直立时头部的最高点,是测量身高的基准点

2. 人体各部位数据测量

根据以上各基准点,以皮尺测量人体各部位的长度数据。身体测量维度线如图1-3所示,身体各部位长度测量说明见表1-15。

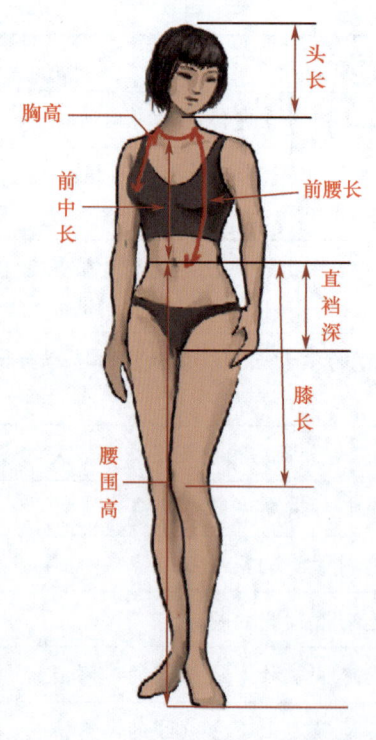
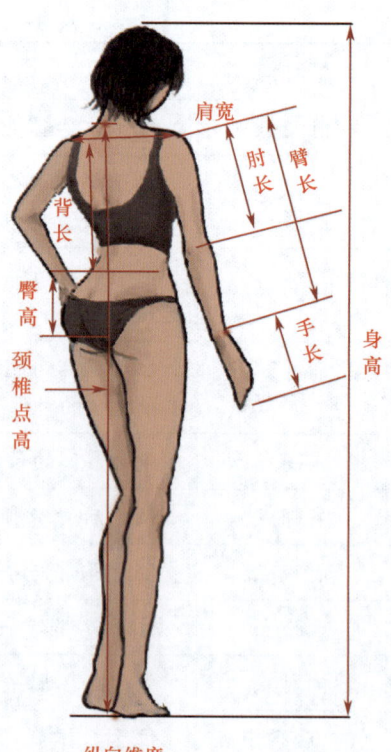

纵向维度

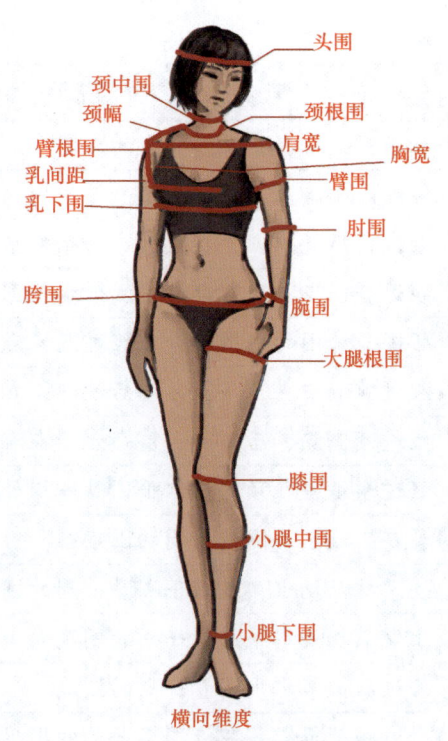

横向维度

图1-3 身体测量维度线

表1-15 身体各部位长度测量说明

序号	维度名称	说明
1	身高	人体立姿时从头顶点垂直向下量至脚底的距离
2	颈椎点高	从后颈点量至脚底的距离
3	背长	从后颈点垂直向下量至后腰中点的距离
4	前腰长	由侧颈点通过胸高点量至前腰中点的距离
5	前中长	从锁骨中心垂直向下量至肚脐上中心的距离
6	胸高	由颈侧点向下量至胸高点的距离
7	腰围高	从腰围线中央垂直量至地面的距离,是裙长设计的依据
8	臀高	从腰围线向下量至臀高点的距离
9	直裆深	从腰围线量至裆部耻骨的距离
10	头长	从头顶点量至下巴的距离
11	臂长	从肩端点向下量至茎突点的距离
12	肘长	从肩端点向下量至袖肘点的距离
13	手长	从茎突点向下量至中指指尖的距离

续表

序号	维度名称	说明
14	膝长	从腰围线垂直量至髌骨点的距离
15	胸围	经过两个胸高点沿胸廓水平量一周的围度
16	腰围	经过前后腰中点,在腰部最纤细处水平围量一周的围度
17	臀围	经过臀高点,在臀部最丰满处水平围量一周的围度
18	中臀围	腰围与臀围的中围部分,经过肠棘点,水平围量一周的围度
19	头围	经过前额中央、耳上方和后枕骨,在头部水平围量一周的围度
20	颈根围	经过颈侧点、后颈点、前颈点,在人体颈部围量一周的围度
21	颈中围	经过喉结,在颈中部水平围量一周的围度
22	乳下围	乳房下端水平围量一周的围度
23	臂根围	皮尺从肩端点穿过腋下围量一周的围度
24	臂围	上臂最粗处水平围量一周的围度
25	肘围	经过肘关节水平围量一周的围度
26	手腕围	经过腕关节、茎突点围量一周的围度
27	胯围	经过胯骨关节,在胯部围量一周的围度
28	大腿根围	在大腿根部水平围量一周的围度
29	膝围	经过髌骨点水平围量一周的围度
30	小腿中围	在小腿最丰满处水平围量一周的围度
31	小腿下围	在踝骨上部最纤细处水平围量一周的围度
32	肩宽	左、右肩端点的水平距离
33	颈幅(小肩宽)	从肩端点量至颈侧点的距离
34	胸宽	从前胸左腋窝点水平量至右腋窝点间的距离
35	乳间距	从左乳头点水平量至右乳头点间的距离

注:表中的身体维度测量内容是获得精准身体数据的重要参考,但在服饰搭配和设计的实践中,通常根据礼服款式选择测量维度,无须对表中数据一一测量。

3. 比例和身线特点分析

人体是三维的,同样的身体维度数据,圆身材和扁身材所呈现的身线特点各不相同,同样的身高也会因为身体的比例不同而迥异。因此,身材标准比例值是衡量顾客身材特征的重要参考,可以结合身体维度数据分析顾客的身线特点,参考标准如下。

(1)女性上下身的完美比例:以肚脐为界,肚脐以下部分长度约为身高的61%,即符合"黄金分割"定律的 5∶8 上下身比值。

（2）女性三围的完美比例：胸围应约为身高的一半，胸围长度相当于身高的 53%。腰围较胸围小 20 cm 左右，腰围相当于身高的 37.5%。臀围相当于身高的 55%，臀部最高处的高度略高于身高的一半（51%）。

（3）腿形线的比例：大腿根围较腰围小 10 cm 左右，大腿长度约为身高的 28%；小腿围比大腿围小 20 cm 左右，小腿长度约为身高的 18%。

（4）上臂围约为大腿围的一半。

（5）颈围在颈的中部最细处，几乎与小腿围相等。

（6）肩宽等于胸围的一半减 4 cm，肩宽约为身高的 23.5%。

4. R 值的测量

R 值（骨重量感的辨别值）的测量是判断顾客骨架大小的依据，也是人物形象风格分析定位和服装款型搭配的重要参考。

R 值 = 身高 / 腕围；R 值越小，骨架越大，骨重越重。

一般来说，大骨重的 R 值小于 9.9，中骨重的 R 值为 9.9～10.9，小骨重的 R 值大于 10.9。

5. 头形的测量

头形的测量是人体自然型特征分析的重要依据，为发型设计、头饰设计、整体形象设计提供重要的参考依据。

（1）头形的测量方法。请顾客端坐，身体挺直，头部正直。形象设计师先站立于顾客的侧面进行测量，取头长的数值，即从头顶点到下巴之间的距离；然后转到顾客正前方，测量头颅左右两侧间最宽处的距离作为头宽数值。

头形指数的计算公式为"头宽 / 头长 ×100"，其说明见表 1-16。

表 1-16 头形指数说明

头形	说明
长	头形指数在 75.4 以下，头形顶部较高，前后及两侧偏窄，脸形相应较长
中	头形指数在 75.5～80.9，头形比例适中
圆	头形指数在 81.5～85.4，骨骼匀称，头形圆润、饱满
扁	头形指数在 85 以上，称为超圆头形，头宽，显得横向面积大

（2）脸形和五官比例的测量方法。头部结构中最能被直接观测到的部分是脸形的特征

与五官的比例。在头形测量完成后，进一步测量脸形和五官的比例数据，获取更客观、准确的信息。可结合拍摄顾客正面照片进行脸形和五官比例的测量和分析。

体形测量

操作步骤

步骤1 准备测量工具，如皮尺、纸、笔等。

步骤2 请顾客进入更衣区更衣，让更衣后的顾客保持站立姿势，双臂自然垂于身体两侧。

步骤3 测量顺序是先测长度再测围度，先量上身再量下身。测量手腕围时，皮尺绕手腕最细处一圈的长度为手腕围，计算骨重 R 值，记录 R 值数据。

步骤4 测量的数据须及时记录，根据尺寸计算身形比例。

步骤5 根据测量数据，分析体形特征。

头部测量

操作步骤

步骤1 准备测量工具，如弯角测径仪、纸、笔、相机等。

步骤2 请顾客端坐，身体挺直，头摆正，面向正前方。工作人员站立于顾客侧方，用弯角测径仪对其眉间点到头枕后点的距离进行测量。

步骤3 顾客保持坐姿不变，工作人员站立于顾客正前方，用弯角测径仪对其头颅左右两侧最宽处的距离进行测量。

步骤4 测量的数据须及时记录，根据尺寸计算头围的具体比例，分析头形特征。

步骤5 拍摄顾客正面照，须露出额头和双耳。根据正面照效果，测量顾客面部比例，分析脸形比例和五官比例。

培训单元 2　婚礼场合的形象风格定位

一、西式婚礼形象风格定位

1. 甜美风格新娘

甜美风格能表现新娘的亲和力，营造温柔、灵动的气质，通常从以下三个角度进行风格定位。

（1）遵循 TPO 原则进行风格定位。举行婚礼的场所常为具有自然风情的景区和花园，或是童话般的宫殿、梦幻的宴会厅等。婚礼的策划主题突出甜蜜、柔美的氛围，婚礼仪式的活跃度高，新人的亲和力较强，形象设计要素（如服饰、妆容、配饰等）应营造清新、灵动、可爱、青春、浪漫、自然的气质特点。

（2）依据个人风格进行风格定位。新娘自身的形象与气质是甜美风格形象设计的前提。通常身材娇小、面容圆润的新娘适宜表现可爱、灵动的甜美感，而骨重偏大、面容饱满的新娘适宜表现自然、大度的甜美感。因此，需要形象设计师根据新娘的个人形象，捕捉其甜美的"点"，再进一步进行甜美元素的强化设计。

（3）参考流行趋势进行风格定位。形象设计师应对时尚潮流元素有自己的理解，并善于运用。例如，源于日本、韩国时尚文化的"日系"和"韩式"，也成为甜美风格新娘流行元素的前缀：日系新娘的形象设计注重细节装饰的精致、细巧，擅长可爱、俏皮的美少女风格塑造；韩式新娘的形象设计注重自然特点的完美修饰，体现简洁、温婉、唯美的形象风格。由于日韩文化源于中国的儒家文化，其含蓄、内敛的文化个性易于被中国人接受，形象设计师可以参考日韩造型的风格样式，选取合适的元素，制定适合顾客的、具有时尚感的形象搭配方案，或融合日韩流行风格，在清新、雅致的格调塑造上进一步创新，塑造甜美、大气的新娘形象。

2. 高贵风格新娘

高贵风格能表现新娘端庄、矜贵的形象魅力，营造端庄优雅、雍容华贵的气质，通常从以下三个角度进行风格定位。

（1）遵循 TPO 原则进行风格定位。举行婚礼的场所常为豪华的西式古典建筑，如欧式风的庭院、梦幻神秘的花园城堡、庄严肃穆的教礼堂等。婚礼的策划主题突显高雅、别致的仪式基调、细节设计精致、考究，婚礼仪式的隆重度高，新人仪表宜沉稳、矜贵。新娘的服饰、妆容、配饰等形象设计要素要营造温柔、复古、简洁、奢华、神秘、典雅、深沉的个性气质美。

（2）依据个人风格进行风格定位。高贵风格的新娘形象设计注重塑造新娘体形的修长感和俊雅的身线美。新娘的服饰、妆容与配饰等均以偏直线形的设计元素塑造优雅、贵气的意象特征，整体造型可以用繁复、华丽的装饰体现洛可可式的雍容气质，也可以用十分简洁的廓形体现儒雅、低调的气质。高贵风格的新娘形象一定会重视所有细节的精致完美，以及饰品与个人风格气质的协调性。

（3）参考流行趋势进行风格定位。西方的传统婚纱以宫廷服饰款型为主流，注重面料品质与装饰美感，蕾丝花边、精美刺绣、提花缎纹、珠宝镶嵌都透着浓烈的复古情怀，是西式礼服时尚经久不衰的主题。现代欧式新娘服饰设计融入现代人率性、简约的审美元素，简洁而不失雅致。形象设计师应根据新娘的情况和婚礼策划要求，选取合适的流行元素，制定符合新娘本人形象特质的、具有时尚高雅感的形象设计方案。需要注意的是，高贵风格新娘形象设计的格调与细节应保持平衡：如果只注重高挑的形象设计形式，却忽略细节品质的一致性，则会显得"高而不贵"；如果一味追求奢华，却忽略格调的统一性，则会造成"贵而不高"的俗流。

二、中式婚礼形象风格定位

1. 中式传统风格

传统的中式婚礼仪式十分隆重，注重仪式礼节，包括祭祖、接亲、迎亲、讨喜、拜别、新娘入轿、颤花轿、接轿、敬高堂、跨火盆、射红箭、牵红线、拜堂、挑喜帕、敬茶、喜宴、点烛、交杯酒、送神等仪式。新娘红裙盛装，足蹬绣履、腰系环佩、头戴珠玉凤冠，肩上披有重工刺绣祥瑞纹样的锦缎霞帔。红色、金色是婚礼服饰的主用色。新娘挽发修面，展现雍容华贵、端庄贤淑的气质。

2. 新中式风格

新中式是将国风潮流的理念植入现代的中式婚礼中，婚礼策划简化传统婚礼的繁文缛节，以意象化的中式情怀抒写婚礼的情致。新中式婚礼没有传统中式婚礼严格的程式要求，可以结合复古、中西合璧的形式进行创新，做更个性化的设计规划。新娘的整体形象风格定位应结合婚礼古色古香的主题与格调，选择适合新娘个人形象特征的色彩以及改良的中式嫁衣、清雅的妆容、灵动整洁的发型，融入现代时尚的创新理念，显得温婉清秀、落落大方、含蓄聪慧。

职业模块 ❷
服饰设计与搭配

内容结构图

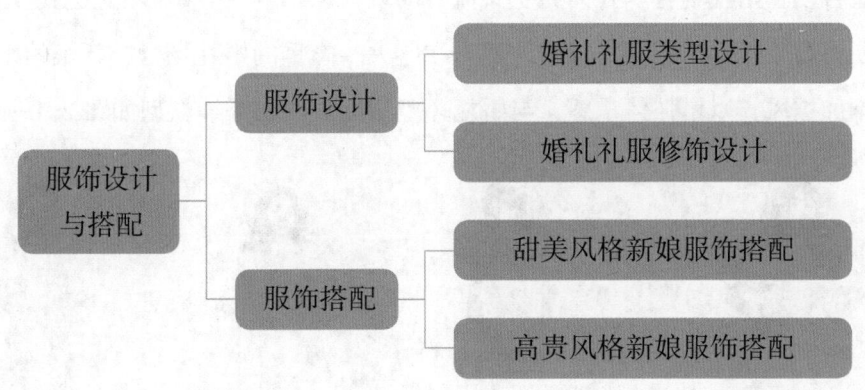

培训项目 1　服饰设计

培训单元 1　婚礼礼服类型设计

一、婚礼场合与礼服类型设计

1. 西式婚礼场合与礼服款型设计

新娘的婚纱款型由 X 形西方宫廷礼服裙变化而来，收腰蓬裙的 X 形公主式婚纱是经典款型，适合多种婚礼场合。在简约主义流行的现代风影响下，婚纱的款型也出现了 S 形鱼尾式、A 形高腰式、H 形直身式婚纱裙。在盛大、隆重的婚礼场合，新娘的婚纱可以延长拖尾或添加披风，以增强体量感，与婚礼环境相配。西式婚纱款型如图 2-1 所示。

X 形公主式婚纱　　S 形鱼尾式婚纱　　A 形高腰式婚纱　　H 形直身式婚纱

图 2-1　西式婚纱款型

2. 中式婚礼场合与礼服款型设计

中式婚礼文化用隆重的仪式礼俗表达对家族传承的重视和对新人的祝福。今天的中式婚礼形式在传统的基础上进一步创新，包括多种主题婚礼，如端庄精致的宋制婚礼、隆重大气的明制婚礼等。此外，也有以喜庆的中式婚庆布景搭配中西合璧礼仪的新中式婚礼。

婚礼形式与场合不同，中式风格新娘的婚礼礼服款型也不同。

（1）龙凤褂。龙凤褂源于广东、香港、澳门一带的中式婚礼，分上褂下裙，整体呈 H 形直身款式。上褂通常根据新娘体形定制收腰设计，襟口为正襟，袖口偏窄短，多为七分袖，褂裙面料上用金丝银线手工绣成精细的龙凤图案，寓意龙凤呈祥、吉祥如意。龙凤褂绣面精致、闪亮，款型修身，突显新娘端庄、华贵的气质。新郎则多以西服相配。龙凤褂和西服的搭配如图 2-2 所示。

图 2-2　龙凤褂和西服的搭配

（2）秀禾服。秀禾服是根据晚清汉族女性袄裙款式改良后的一种中式风格新娘礼服，上衣为立领斜襟（或对襟）的短褂，下裙是马面裙的设计，裙摆较大，铺床非常好看，对新娘身材的包容性好。现代的下裙也有其他样式，但廓形仍保持原有的大裙摆形式。秀禾服的上衣和裙面上常绣有百合、牡丹、云纹等寓意吉祥的图案。新郎以中山装、西服等与之相配。改良秀禾服和改良中山装的搭配如图 2-3 所示。

图 2-3　改良秀禾服和改良中山装的搭配

（3）旗袍。旗袍经改良后，成为裁剪贴身、造型简洁大方的连身礼服，显得端庄、优雅。旗袍风格有京派与海派之分：京派注重绣面绲边的重工装饰，隆重大气；海派的包容性更强，融入洋装工艺审美，与蕾丝、花盘扣等装饰结合。结婚时穿着的旗袍可以根据婚礼的风格选择京派或海派，也可以选用富有创意的改良旗袍长裙，适宜采用厚实、有光泽感的面料，裙摆可以适当加长，延至脚面。新郎穿中山装或西服与之相配。改良旗袍与西服的搭配如图 2-4 所示。

图 2-4　改良旗袍与西服的搭配

（4）汉服。现代婚礼所用的汉服是具有中国古老汉族礼制服饰特点的改良服饰款式，类别有汉制、唐制、宋制、明制等。明制汉服婚礼秉承明代"吉服"之制，新娘穿红色命妇服饰，头戴凤冠、身披霞帔，新郎穿红色补服或绣有龙凤图案的盘领右衽袍，头戴乌纱帽或翼善冠与之相配，如图2-5所示。

图2-5　明制汉服婚礼形象

二、婚礼礼服配置与类型设计

1. 婚礼礼服种类配置

在为顾客进行婚礼服饰搭配前，先要了解顾客需求和婚礼仪式的安排情况，使搭配方案能满足婚礼流程的功能要求。在结婚当天，需要为新娘准备2~3套礼服，包括出门礼服、仪式礼服、敬酒礼服等。如果婚礼的场面隆重、盛大，流程细节多，也可以准备3套以上的礼服。

婚礼礼服种类配置见表2-1。

表2-1　婚礼礼服种类配置

名称	说明
晨袍	为开衫睡袍的款式，轻松舒适，便于脱卸，新娘在接受妆发服务时穿着在春夏季选用滑爽的真丝面料，秋冬季选用天鹅绒面料

续表

名称	说明
出门礼服	中式婚礼：出门礼有迎亲、祭祖、跨火盆等仪式环节，新娘可以穿着秀禾服、龙凤褂作为出门礼服，新郎穿着中山装与新娘相配 西式婚礼：有告别单身、游园拍照等户外活动环节，新娘可以穿着轻便型婚纱或白色蕾丝长裙，手持清新、淡雅的小花束；新郎穿着休闲西服或衬衫、西裤，佩戴领花与新娘相配
迎宾礼服	新人在宴会入口迎接宾客，与宾客合影的时候穿着迎宾礼服。迎宾礼服可以根据场合和流程需要与出门礼服通用。新娘通常穿着及地婚纱，佩戴轻便的头纱；新郎西装革履，佩戴胸花与新娘相配
仪式礼服	仪式礼服又称主婚纱，是整个婚礼中最隆重的着装 中式婚礼：新娘凤冠霞帔，头戴红盖头，与穿着补服、头戴乌纱帽、身系红绸的新郎以绣球牵系 西式婚礼：新娘穿着大体量感、层次丰富、装饰华丽的大拖尾婚纱，花童随行，与穿着西式礼服的新郎相配，尽显华丽与高贵
敬酒礼服	在主婚仪式结束后，新娘换上敬酒礼服（晚礼服）向所有宾客敬酒，表达谢意 行席敬酒时穿着的礼服无须过于隆重，目前我国流行的敬酒礼服以金色、粉色、红色的轻便礼服款式为主，具有一定的露肤度，符合晚装特色
回礼服	一般来说，婚礼结束后三天内，新娘携新婿回娘家时穿着的服饰称为回礼服。新娘通常会选择带有喜庆色彩、造型款式轻便大方、格调端庄娴雅的轻奢小礼服或中式改良连衣裙，新婿视情况穿着休闲西服或改良中山装

2. 婚礼活动的服装类型设计

（1）西式婚礼

1）轻婚纱。轻婚纱轻便舒适、温柔典雅，适合户外活动。可以选择蕾丝或雪纺材质的，长度在膝盖以下、不拖地的短款婚纱，既便于出行，又能展现新娘的青春活力。

2）主婚纱。可以选择隆重而华丽的长拖尾或披肩婚纱，以展现新娘的优雅和浪漫。婚纱面料宜选择有细腻刺绣、多层次闪亮细节设计的缎面和硬质波纹纱。婚纱整体廓形为大量感，X形公主式婚纱内衬钟形大裙撑，裙长延伸到地面，配有多层次、装饰华丽的拖尾，并搭配大量感、多层次的头纱和配饰。

3）敬酒礼服。选择简洁而优雅的小礼服，礼服为裁剪修身的直身款型，长度及膝或至脚踝，无拖尾。礼服颜色可以根据个人喜好，选择符合婚礼喜庆气氛的彩色系。

（2）中式婚礼

1）主婚服。可以选择华丽的龙凤褂、汉服或秀禾装作为主婚服。这些传统款式的中式礼服精致华贵，面料上以各色刺绣、金银线等手法表现龙凤呈祥、花开富贵、瓜瓞绵绵等充满中式民俗美学的细节设计。

2）敬酒礼服。在敬酒环节中，新娘须换上一套便于行动的中式小礼服。可以选择修身剪裁的旗袍或改良版的中式礼服，长度及膝或至脚踝上方，颜色可以是经典的红色、金色或其他吉祥色彩。

（3）中西合璧的现代婚礼

1）迎亲礼服。新人们可以穿着传统的中式婚礼礼服。

2）主婚服。在迎宾和主婚典礼中，新人可以换上华丽的婚纱。

3）敬酒礼服。在敬酒环节中，新人可以配合婚礼主题选择一套主题色彩的轻礼服与宾客互动。例如，选择一款简洁而优雅的小礼服，颜色可以根据婚礼主题来选择，如粉色、蓝色、香槟色等。

三、婚礼形象设计方案制定

1. 根据婚礼计划确定服饰类型

通常前来咨询的顾客都会有较明确的婚礼计划安排，形象设计师在顾客的档案中应完善婚礼计划的内容，并根据婚礼的时间、地点与场合确定婚礼礼服的类别为中式还是西式。

与顾客探讨婚礼流程内容，确定婚礼各仪式环节礼服样式的更换。然后进一步归纳婚礼服饰类型与套数，做好相应的记录，请顾客确认并签字。

2. 结合婚礼规模设计形象风格

根据准新娘的形象测试结果，分析其形象特点，通过体貌与人体色特征选配礼服的款型、色彩与面料，制定专属的整体风格设计方案。

在此基础上，结合顾客的婚礼规模与预算，为新人的服饰选购做好预算规划。其间要做1~2次的礼服试样和服饰品选配。

3. 婚礼前期的工作准备与实施

（1）根据婚礼所需服饰设计方案，收集相关服饰品牌的资料，安排选配服饰产品的日程并实施。

（2）安排准新娘的婚前整体形象试装服务，并与顾客共同协商、调整、确认服饰款式、色彩材质、妆发细节等相关内容。

（3）协助准新娘做好美容健身的计划指导和随访工作。

婚礼形象设计的服务对象还包括新郎，形象设计师应该为新郎的形象搭配做好相应的服务工作。此外，还需根据合同要求，为新人的父母、伴娘和伴郎做好服饰搭配的统筹服务。在婚礼准备与随访服务期间，可以根据新人的实际需要推送相关的服饰品牌与配色建议。

4. 方案设计形式与要求

形象设计师将顾客的基本需求、设计定位、设计理念、设计内容以 Word 文档或 PPT 文件格式撰写形象设计方案，并纳入存档。新人形象设计方案与实施计划见表 2-2。

表 2-2　新人形象设计方案与实施计划

	内容	说明
设计方案	新人基本情况	记录新娘的身高、体重、形象的主要特点
		记录新郎的身高、体重、形象的主要特点
	新娘基本需求	针对婚礼主题、规模与仪式内容要求策划服饰搭配方案
		提升新娘与新郎形象，展现最好状态
	形象设计定位	分析新娘自然要素
		定位新娘形象设计风格
		分析新娘、新郎的形象与婚礼主题的配合情况
	设计	设计灵感
		设计风格、形式
	婚礼形象设计内容	色彩搭配设计
		新娘、新郎仪式礼服服饰风格设计
		新娘、新郎其他礼服造型整体设计
		新娘、新郎妆发修饰设计
		新娘、新郎形象礼仪设计
		新娘、新郎婚前护理指导
		备婚心理健康指导
		婚礼配角形象指导

续表

内容		说明
实施计划	月　日	风格定位设计，色彩搭配设计方案
	月　日	仪式礼服服饰搭配设计
	月　日	礼服款型搭配试装
	月　日	服饰品选配方案制定
	月　日	服饰品陪购或订租
	月　日	化妆与发型方案制定
	月　日	整体形象试装

制定婚礼礼仪形象设计方案

操作步骤

步骤1 与顾客详细沟通，确认婚礼计划的具体内容与需求。

步骤2 为顾客进行自然形象测试，分析其形象设计的风格定位。

步骤3 撰写新人形象设计方案。

步骤4 制订设计实施计划。

步骤5 与顾客沟通设计方案的细节，并调整设计方案。

步骤6 再次确认设计方案，为设计工作提供依据。

培训单元2　婚礼礼服修饰设计

在确定新娘礼服的风格款型后，须进一步分析礼服的廓形、结构、色彩、分割线、领形、袖形等细节设计要素，扬长避短，改善新娘的体貌特征，达到理想的设计效果。

一、根据顾客体态特征进行礼服款型修饰设计

1. 新娘体形分析与礼服款型修饰

新娘的体形大致分为 X 形、Y 形、A 形、H 形和 O 形，下面从新娘服饰搭配的角度，分析新娘礼服款型对不同体形的修饰要点。新娘体形与礼服修饰见表 2-3。

表 2-3 新娘体形与礼服修饰

体形	特征	修饰要点
X 形	也称沙漏形，曲线特征鲜明。若体重适中、比例匀称，则是极富有女性魅力的体形	西式礼服可以大胆尝试鱼尾裙与 X 形裙的婚纱款式，突出优美、纤细的腰线，显现身材优势 中式礼服选择剪裁合身的长旗袍或龙凤褂，腰部留有余量，表现柔和的曲线美。汉服、秀禾服对体形要求不高，合身即可
Y 形	上身的量感偏重，肩宽臀窄，身线偏直，易显得粗壮	西式礼服的款型设计建议弱化上衣量感、加重下裙摆量感，适合 X 形与 A 形的婚纱款式，也可以尝试简洁、优雅的 H 形婚纱款式 中式礼服选择下摆宽大的秀禾服或唐制汉服，不适合直身款旗袍和龙凤褂。汉服的款式也应尽量避免肩部和胸部的装饰量感
A 形	也称梨形，肩部窄小，胸围较小，下身体形的量感大，显得上下失衡、腿部粗短	西式礼服的钟形裙摆能有效遮盖量感过大的下身形态。对于上身很窄小的新娘，可以通过一字领设计横向拉伸上半身的量感，协调身形比例。切忌选择紧身与短款的礼服裙，这样会暴露身形的不平衡感 A 形体形适合大部分中式礼服。选择汉服时，对于上身很窄小的新娘，可以利用云肩、霞帔的曲线扩张肩线
H 形	身线平直，缺乏曲线变化。如果身形偏胖，其三围的横向宽度也会随之变大	西式礼服款型设计建议弱化腰线的分割感，提升视觉中心，纵向拉长体形，如选择面料柔软、细腻的高腰款 A 形婚纱款式 中式礼服可以选择本就是 H 形的龙凤褂、宽松的秀禾服，以及大袖宽袍汉服等，表现装饰刺绣之美，突出气质和神采
O 形	腰部维度大，身体呈纺锤形，显得松弛，无法突显胸腰的维度对比	西式礼服款型设计要弱化腰线的分割感，趋向纵长款型，领形与肩袖的局部设计可以增加量感，用宽松、柔软、有垂感的礼服款式隐去腰部线条，表现优雅气质 中式礼服适合选择秀禾服、款型宽大的汉服，不适合选择修身的龙凤褂和改良旗袍

2. 新娘局部体形分析与礼服款型修饰

有些新娘整体体形比例良好，但局部体形不够完美，从而导致礼服搭配难。表2-4列举了实践中常见的不完美局部体形及其服装款式修饰要点。

表2-4 局部体形分析与婚礼礼服修饰

局部特征	修饰要点
头部显大：头部维度略大，或脸形过于圆润，与颈部、身高、骨量存在不协调的情况	避免将整体视线集中于头部的设计，如旗袍领形过高、上衣过于紧身、A形肩的领部款式等 西式礼服可以选择抹胸、低胸带袖款型，或者一字肩的细节设计，这样会使整体形象更为协调 中式礼服适合选择宽松款的秀禾服、汉服等
肩部显宽：肩宽大于头宽的2.5倍	在礼服款型设计中注意视觉纵向感的引导，如有衣袖可设计为插袖，弱化肩部重量感，不宜在领肩部做重点装饰
肩部显窄：肩宽小于头宽的2.5倍	避免选择廓形夸张的礼服，否则会显得整体造型缺乏力量与气势 西式礼服可通过一字领形、飞肩设计的袖形增加肩部量感 中式礼服可以通过云肩、霞帔的线条重塑肩部与身体的比例
肩部下削：两肩有明显的下垂感	这是具有中式古典特征的体形，适合穿着中式礼服 西式礼服应避免选择露肩或吊带款式；适宜选择有质感的面料制作的横向领形配合泡泡袖的婚纱款式，修饰上身的量感
肩部前耸：左右肩骨突出、前倾	避免选择过于紧身或有落肩袖设计的礼服 西式礼服可以选择高领形设计，或有垂褶的U领、深V领等款式，以修饰肩颈部位 中式礼服可以选择宽大的汉服、秀禾服
圆肩：有上交叉综合征体态问题，表现为肩胛骨不在胸廓位上，并伴有驼背现象	形象设计师需要指导顾客进行体态训练，纠正改善驼背体态 西式礼服应避免选择露肩礼服款型，以及夸张领形与袖形的款式，礼服的上装线条应对肩部线条有矫正、修饰作用 中式礼服可以选择宽大的汉服、秀禾服
胸部平坦	西式礼服可以搭配选择扩胸合身的内衣改善胸形，穿着带有吊带性质的婚纱礼服 中式礼服可以选择上衣刺绣华丽的款式，使礼服造型虚实有致
胸部丰满：伴有副乳	西式礼服避免选择抹胸露肩的礼服款式，宜选择肩袖部分合身而不过分紧身的婚纱，不能有增加量感的装饰 中式礼服避免选择过于贴身的旗袍，以及面料过于硬挺的款式，可以选择柔软有垂感的汉服、秀禾服

二、根据顾客形象特征进行礼服风格设计

1. 顾客人体色特征检测分析与礼服服饰的色彩设计

虽然西式婚纱礼服以洁白的色彩为主,但倘若将多套婚纱进行比较,就不难发现白色也有纯度、冷暖度的差异,面料的光泽度、厚薄度也会给形象风格带来不同的特点。

(1)根据冷色系的肤色检测分析,肤色类型主要分为深冷型、浅冷型、冷亮型、冷柔型、净冷型、柔冷型等,对应的婚礼礼服配色见表2-5。

表2-5 冷色系肤色与婚礼礼服配色

肤色类型	西式婚纱色彩与装饰		中式礼服色彩与装饰	
深冷型	砭白	适合银色闪光片、水钻的点缀	紫红	面料与装饰的色彩比度较大
	瓷白		暗紫红	
	锌白		深酒红	
	灰白		深红	
浅冷型	瓷白	轻薄面料可有暗纹、提花装饰	正红	装饰配色明度偏高,与面料底图分明
	骨白		玫红	
	雪白		珊瑚红	
	珍珠白		樱桃红	
冷亮型	瓷白	光泽度适中的装饰搭配	正红	装饰配色与面料色接近,体现色泽、质感的层次
	锌白		樱桃红	
	雪白		酒红	
冷柔型	砭白	亚光面料搭配精致细腻的装饰	珊瑚红	面料与装饰的色彩对比柔和
	灰白		酒红	
	珍珠白		深红	
净冷型	瓷白	光泽度高的面料与装饰搭配	正红	面料与装饰的色彩对比干净利落
	锌白		樱桃红	
	雪白		亮玫红	

续表

肤色类型	西式婚纱色彩与装饰			中式礼服色彩与装饰		
柔冷型	矿白		亚光面料，肌理柔和，装饰细腻含蓄	珊瑚红		面料和装饰光泽度低，显得优雅、含蓄
	灰白			酒红		
	骨白			深红		

（2）根据暖色系的肤色检测分析，肤色类型主要分为深暖型、浅暖型、暖亮型、暖柔型、净暖型、柔暖型等，对应的婚礼礼服配色见表2-6。

表2-6 暖色系肤色与婚礼礼服配色

肤色类型	西式婚纱色彩与装饰			中式礼服色彩与装饰		
深暖型	奶油白		适合浅金色饰品点缀	大红		可配对比度较大的装饰色
	骨白			土红		
	纳瓦霍白			栗红		
	米白			深红		
浅暖型	乳白		轻薄面料可有暗纹、提花、	正红		明度偏高的装饰配色
	象牙白			朱红		
	钛白			曙红		
	珍珠白			绯红		
暖亮型	钛白		光泽度适中的面料，装饰精致细腻	正红		装饰可体现与面料在色泽质感上的对比
	珍珠白			朱红		
	雪白			牡丹红		
暖柔型	纳瓦霍白		亚光面料，装饰精致、细腻	脏橘红		面料与装饰的色彩对比柔和
	米白			曙红		
	象牙白			土红		
净暖型	钛白		光泽度高的面料和装饰	正红		面料与装饰的色彩对比干净利落
	珍珠白			大红		
	雪白			朱红		

续表

肤色类型	西式婚纱色彩与装饰			中式礼服色彩与装饰		
柔暖型	象牙白		亚光面料，肌理柔和，装饰精致、含蓄	脏橘红		面料和装饰光泽度低，对比含蓄
	米白			土红		
	奶油白			栗红		

2. 顾客骨架特征与礼服风格设计

在身高同等的情况下，会因为骨架的大小不同产生穿衣效果的迥异感。除肉眼观察之外，也可以通过 R 值的测量准确判断顾客的骨重值，即骨架的大小。

（1）骨架大者：体形量感大，给人厚重、敦实之感，但如果礼服选择不当，则会显得身形壮硕、臃肿。礼服的面料应具有垂感，形成大直线形的廓形设计，能发挥体形量感优势，塑造端庄大气的高贵风格。此外，也可以选用垂挂性好、质感飘逸细腻的丝绸礼服，搭配有夸张度的饰品，表现开朗、明媚的甜美风格。

（2）骨架适中者：体形量感适中，形象设计师可以根据新娘的自身特点，发挥集中优势，塑造整体协调的风格。

（3）体形骨架小者：量感小，驾驭不了隆重礼服的气势，适宜选择剪裁合体、细节精致华丽的礼服。其中，柔美、轻盈的裙型可以塑造玲珑有致的甜美风格，简洁、素净的服饰线条可以塑造优雅、脱俗的高贵风格。

3. 服饰品的搭配

新娘的服饰品在整体形象中起到画龙点睛的作用。

（1）西式婚礼白色婚纱的配饰有头纱、首饰、手套、捧花、高跟鞋等。其中，项链需要根据礼服款式和属性进行搭配。隆重的主婚纱需要佩戴豪华的水钻和珍珠元素项链，与华贵的耳环匹配成套；简约的蕾丝修身轻纱则无须过于豪华的项链装饰，佩戴耳饰即可。此外，胸前有豪华水钻刺绣装饰的立领礼服、横领缎面礼服等无须佩戴项链，以免显得冗杂。

西式婚纱有时会搭配缎面长手套或蕾丝短手套，增添礼服着装的正式性和神圣感，是一种高规格的服饰搭配，适用于教堂宣誓或搭配主婚纱在举行宣誓仪式时使用。在休闲的草坪婚礼或搭配轻纱时，手套不是必选项，可以根据实际情况选用织线纹理密度低的蕾丝短手套。

（2）中式婚礼红色礼服的配饰有红盖头、黄金首饰、玉镯、凤冠、珠花、绣花鞋等。我国南方有用豪华的黄金首饰搭配龙凤褂的民俗，黄金首饰的品类、佩戴数量须与服饰的色彩和图案刺绣布局搭配。

培训项目 2　服饰搭配

培训单元 1　甜美风格新娘服饰搭配

一、人物风格分析

1. 个人基本情况收集

顾客刘女士的个人信息情况见表 2-7。

表 2-7　刘女士的个人信息表

形象设计顾客信息表				编号：X120036	
姓名：刘美丽		民族：汉族			
性别：女		籍贯：上海		宗教信仰：无	
学历：大学本科		职业/职位：播音主持（少儿主播）			
身高：165 cm		体重：48 kg		鞋码：37	
出生日期：（保密）年龄 26 岁					
地址：（保密）				电话：（保密）	
微信：（保密）				邮箱：（保密）	
性格特点：活泼可爱，亲和力强，有娇嗲感					
兴趣爱好：流行音乐、芭蕾、追漫番					
自我欣赏的方面：可爱的小鼻子，微微的雀斑					
喜欢的生活方式：恬淡，有音乐相伴				欣赏的公众人物：藤子不二雄（哆啦 A 梦的设计师）	

续表

偏爱的色彩基调：轻柔的马卡龙色系	日常喜欢的服装色彩：白色、粉色、浅蓝色	
	日常避讳的服装色彩：土黄色、紫色、红色	
日常服装款式与尺码：S 或 M	喜欢的着装风格：运动装、休闲装	
	不喜欢的着装风格：职业装	
理想的礼服款式：华丽浪漫	中式：秀禾装	西式：公主款
喜欢的饰品风格：可爱有趣		
喜欢的图案风格：斑斓对称的蝴蝶图案		
理想的婚礼形式：露天的花园婚礼，有一定的剧情设计		
健康状况：良好，有熬夜习惯，正在调整作息		
理想的完美形象典范：有无限可能的塑造力量		
婚礼计划：主题——金秋梦蝶（现代西式婚礼）上午接亲仪式，下午冷餐音乐聚会，晚间圆桌婚宴	日期：2024 年 10 月 8 日	
	地点：（保密）	
配偶情况：许先生，30 岁，游戏音乐制作人，身高 177 cm，体重 68 kg		

2. 个人形象诊测与分析

为刘女士测量人体色与身线比例，分析其形象风格特点，见表 2-8。

表 2-8 刘女士的个人形象色彩分析记录表

个人形象色彩分析记录表		编号：X120036
姓名：刘美丽	性别：女	年龄：26 岁
肤色类型：柔暖型偏浅	明度：中高	
	纯度：偏低，面部色彩对比柔和	
	冷暖特征：暖黄色	
	肤质特征：油性缺水，有闷痘，略敏感	
毛发色特征：	染过发，目前棕色偏红，原发色棕灰色	
眼瞳色特征：	眼瞳为深棕色，眼白略偏黄	
适合用色范围：	纯度中低，明度中高调的色系	
不适合用色范围：	纯度过高的冷色系	
建议配色效果：		

续表

其他：
①刘女士之前做过美瞳线、染过头发，因此，毛发色的色相调系不统一，需要在化妆造型中进行调整
②由于工作压力较大、作息时间不规律，肤色测试显示皮肤有水油分泌不平衡、肤色不均匀的情况。须在婚礼前有限的时间内做好护肤管理，改善肤色与肤质问题
③建议礼服采用中强度以下的弱对比配色，着重表现华丽、雅致的色彩美感

根据身体比例测量与记录，为刘女士做个人服饰形象风格分析，见表2-9。

表2-9 刘女士的形象风格分析记录

新娘形象风格分析记录表		编号：X120036
姓名：刘美丽	性别：女	年龄：26岁
	脸形：小巧的瓜子脸，倒三角脸形	
	眉形：平直眉	眼形：双眼皮，眼尾略有下垂；上眼线弧线明显，下眼线线条平直
	鼻形：小巧、圆润、挺直	唇形：小巧圆润，结构清晰，下唇沟深
	肤质/肤色：油性缺水，柔暖偏浅黄	
	发质/毛发色：染发受损，棕灰色	
面部整体轮廓：整体圆润感	表情印象：笑容甜美，眼线双弯	
身线特征：圆身体，曲线	体形：匀称，S形	
身高：165 cm	体重：48 kg	肩宽：36 cm
上臂围：26 cm	臂长：54 cm	肘长：28 cm
手腕围：14.5 cm	前中长：30 cm	背长：41 cm
腰围高：95 cm	直裆深：19 cm	头长：22 cm
头宽：17.5 cm	胸围：86 cm	腰围：60 cm
臀围：89 cm	大腿围：50 cm	鞋码：37
骨架大小	☑小 □偏小 □中 □偏大 □大	
体貌量感	□小 □偏小 ☑中 □偏大 □大	
面部直曲	☑曲 □偏曲 □适中 □偏直 □直	
动静美感	□静 □偏静 □适中 ☑偏动 □动	
风格类型	偏曲线形：☑可爱型 □浪漫型 □温婉型 偏直线形：□经典型 □简约型 □前卫型	

续表

形象调整目标： ①新娘身材中等，苗条匀称，比例标准，三围体形曲线特征明显，上镜感较好。但新郎微胖，与新娘体形反差较大，需要对新郎的体形管理提出要求，并通过服饰搭配手段有效修饰新郎身形 ②新娘的皮肤需要做好保养与管理，以期在婚礼前达到水油平衡、肤色均匀透亮的良好状态 ③整体形象设计须着重表现新娘可爱、灵动的气质和天使般的笑容。新娘声线动听，笑起来眼睛的弧线很美，体形匀称，体态优美，可塑性很强。新娘的服饰形象应与婚礼主题完美契合，营造浪漫、甜蜜的氛围感
风格分析结论：面部比例 匀称 ，身材 苗条 ，整体量感 适中 ，偏 曲 线形印象，更适合 甜美 的美感，属于 甜美 型新娘风格
婚礼礼服类型设计建议：西式礼服选用 X 形公主款婚纱，下裙蓬松，腰线纤细，突显身姿的灵动感，裙摆廓形选用朦胧质感轻纱面料做适当增量处理，使整体形象有量感却不显沉重；中式礼服选用秀禾服，秀禾服的上衣通常为立领或圆领、对襟或右衽大襟袄褂，这样的设计既体现了中式传统服饰的韵味，又便于穿着和活动

根据上述分析，形象设计师应抓住刘女士甜美迷人的气质元素做进一步艺术化处理，突显刘女士的外貌和个性特点。同时，须协调新娘和新郎的体量差异，新娘在服饰廓形上可以考虑增量的设计，新郎则相应地以沉稳修身为形象塑造原则。

二、西式婚纱服饰搭配

1. 婚纱款型搭配

（1）先为新娘做基础领形试样，根据新娘的脸形选配合适的服饰领形。刘女士脸形为小巧的倒三角脸，脸庞两侧有饱满、柔和的弧线，下巴小巧，是上镜的脸形，适合多种领形的设计。由于刘女士的下巴偏尖小，面貌小巧甜美，不宜选择会将视线向下引导的 V 形领或 U 形领，在设计中也应避免此类表现成熟干练感的领形款式。

（2）从体貌整体来看，刘女士的身材匀称，身线苗条圆润，可塑性较强，但肩距略显窄小，有溜肩趋势，不宜选用吊带款婚纱。适合选用一字领肩、大圆领肩的设计，能开阔上肩部的视线，收紧腰部的线条，更好地修饰体形。通过当季新款礼服试穿，挑选一字肩公主款大裙撑礼服，体现甜蜜、完美的新娘造型。

2. 婚纱色质面料搭配

（1）通过对肤色的测试，显示刘女士的肤色属于柔暖色偏浅。建议采用白色透暖光的底色面料。敬酒礼服也建议选用质地柔和、色调偏暖的红色系面料，如曙红、牡丹红的丝绒、天鹅绒、真丝绉缎等。具体可参考试色建议的专属色卡进行选择。

（2）刘女士身线玲珑却不矮小，长相甜美清纯、有很强的亲和力，有柔软感的蕾丝、绣花工艺以及朦胧又仙气十足的曼妙轻纱都是良选，也能很好地融入婚礼主题与浪漫的婚礼氛围中。

3. 婚纱饰品搭配

根据设计方案为准新娘选配与甜美风格相配的服饰品，如发饰、耳环、手腕花、捧花等，要考虑造型的柔美感，色泽质感要与服装的整体相协调。

刘女士整体量感较小，不适合过于隆重的大首饰，选择缀有碎钻和珍珠的多层发箍，搭配活泼、灵动的亚克力水钻蝴蝶发夹，增加头部的层次感，体现甜美、自然的少女形象。头纱采用量感很轻的单层中头纱，从头顶发髻处散下，梦幻又浪漫。挂耳式蝴蝶耳饰与头部两侧的发夹衔接良好，相映成趣。此外，选择缀有亮片的露指蕾丝短手套与多层轻纱婚纱款式搭配，在左手上佩戴多层珍珠手链，增加蕾丝手套的装饰层次和细腻光泽；再搭配淡雅的法式美甲和粉色小花束，非常甜美。

刘女士的西式甜美风格婚纱服饰搭配效果如图2-6所示。

图2-6　刘女士的西式甜美风格婚纱服饰搭配效果

三、中式秀禾服服饰搭配

1. 秀禾服款型搭配

（1）预选合适的服装款式，为新娘试装。由于刘女士头形维度适中、脸形偏小，不适合领子过高或元宝领的中式服装，低领上袄更为合适。此外，胸口的刺绣、重工制作的新中式云肩，能更好地衬托脸形与五官，修饰肩形，增加上身量感。

（2）刘女士的身高适中、身形苗条，适合曲线流畅的中式婚服。为了增加量感，上衣采用新中式云肩设计，结合宽大的七分水袖，体现温婉气质。上袄长至腹部中间，与下身比例协调良好，显得修长、秀丽。下身穿着A形马面裙，与上衣结合，显得端庄、稳重，增加整体量感；同时，马面裙的纵向线条可以拉长身体的视觉比例，使身形显得修长，完美地体现新娘的古典气质和体貌优点。

2. 秀禾服色质面料搭配

（1）根据刘女士柔暖色偏浅的肤色属性，建议采用色调偏暖的正红色系底色面料，如橘调成红色、朱红色、朱砂色等，不可带有"粉气"。刺绣选择金色系绣线元素，结合少许白色、浅蓝色元素作为点缀。绣片上的珠绣色彩须与绣线、底色面料协调。

（2）根据刘女士清纯、亲和的气质，秀禾服的面料不宜过于厚实，可以采用质地良好的真丝绉缎制作，马面裙内侧和上袄的袖口处可用略带硬度的里料塑造A形廓形，表现量感，突显身线。

3. 秀禾服饰品搭配

根据设计方案为准新娘选配与中式秀禾服相配的服饰品，如流苏发冠、簪钗、耳环、象生花、手镯、戒指、绣花鞋等，色泽质感要与服装的整体相协调。

由于服装主色调为红底金绣，因此选择金色流苏发冠作为主发饰。发冠上镶嵌大小不一的红绿宝石，如漫天星斗。耳环可以选择与头饰相配的金质耳环。手镯可以选择绿色玉镯，在宽大的红色袖子下方露出手腕和手镯，显得十分温婉、艳丽。绣花鞋选择红底金色绣花或黑底满红绣花的款式都十分适宜。

刘女士的中式甜美风格秀禾服服饰搭配效果如图2-7所示。

图 2-7 刘女士的中式甜美风格秀禾服服饰搭配效果

培训单元 2　高贵风格新娘服饰搭配

一、人物风格分析

1. 个人基本情况与需求

江女士的个人信息情况见表 2-10。

表 2-10　江女士的个人信息表

形象设计顾客信息表			编号：X120037
姓名：江美丽	民族：汉族		
性别：女	籍贯：四川成都	宗教信仰：无	
学历：硕士研究生	职业/职位：生物技术研究所研究员		
身高：160 cm	体重：58 kg	鞋码：38	
出生日期：（保密）年龄 36 岁			

续表

地址：（保密）	电话：（保密）
微信：（保密）	邮箱：（保密）
性格特点：安静、腼腆、沉稳、逻辑思维能力强	
兴趣爱好：摆弄花草园木，读书习字，闻香品茗	
自我欣赏的方面：善于思考	
喜欢的生活方式：不紧不慢，观察体验生活的美好	欣赏的公众人物：（保密）
偏爱的色彩基调：大地色系	日常喜欢的服装色彩：驼色、米色、藕粉色、黑色
	日常避讳的服装色彩：鲜艳色
日常服装款式与尺码：L	喜欢的着装风格：棉麻自然风格的休闲装
	不喜欢的着装风格：暴露的着装、透视装

理想的礼服款式：简洁、舒适	中式：改良汉服	西式：修身款

喜欢的饰品风格：古风玉石饰品	
喜欢的图案风格：水墨图形	
理想的婚礼形式：东西方融合的婚礼习俗与仪式，考虑两场婚礼仪式	
健康状况：良好，自律性强，有保养和健康养生意识	
需解决的困扰：准新郎结束13年的海外生活，即将回国安家立业；准新娘为此也要投入新婚计划的准备工作中，自己的相貌很具东方古典韵味，不知如何完美应对西式婚礼的礼仪与塑造优雅的西式服饰形象	
理想的完美形象典范：有无限可能的塑造力量	
婚礼计划：第一场游轮西式婚礼，新娘赴新西兰参加当地教堂的证婚仪式，与新郎在回国游轮上举行答谢海外亲友的婚宴；第二场石库门中式婚礼，在上海老弄堂举行中式婚礼	日期：1月2日（游轮婚礼） 2月（农历立春中式婚礼）
	地点：（保密）
配偶情况：方先生，44岁，商贸工作人员，身高183 cm，体重75 kg	

2. 个人形象诊测与分析

为江女士测量人体色与身线比例，分析其形象风格特点，见表2-11。

表 2-11 江女士的个人形象色彩分析记录表

个人形象色彩分析记录表		编号：X120037
姓名：江美丽	性别：女	年龄：36 岁
肤色类型：柔暖型偏浅	明度：高	
	纯度：偏中高，面部色彩干净、明亮	
	冷暖特征：冷色偏粉红	
	肤质特征：白皙细腻，肤色透亮	
毛发色特征：	染过发，目前为棕红色，原发色为泛青褐色	
眼瞳色特征：	眼瞳为棕褐色，眼白略偏青色	
适合用色范围：	纯度中高，明度中高调的弱对比色系	
不适合用色范围：	浊色系，纯度较高的对比色系	
建议配色效果：		
其他： ①江女士肤色白皙，两颊微微透红，整体肤色明亮光滑偏冷感，这得益于长期有良好自律的生活习惯 ②江女士的头发染过棕红色，眉毛稀疏、色彩浅淡，唇色较浅，使发色显深，对比略生硬		

根据身体比例测量与记录，为江女士做个人服饰形象风格分析，见表 2-12。

表 2-12 江女士的形象风格分析记录表

新娘形象风格分析记录表		编号：X120037
姓名：江美丽	性别：女	年龄：36 岁
	脸形：椭圆小脸形，下颌略尖，倒三角脸形	
	眉形：舒展细弯眉	眼形：单眼皮丹凤眼，眼形长而清秀，眼裂修长上扬
	鼻形：细巧含蓄，鼻梁不高，中庭不长	唇形：小巧丰润，结构明显，唇色较浅
	肤质/肤色：水油平衡的中性肤质，浅冷偏粉色	
	发质/毛发色：染发，发质细软，略微受损，呈自然微卷状	
面部整体轮廓：圆润	表情印象：高冷，举止沉静、端庄	
身线特征：微曲线形	体形：较匀称，A 形	
身高：160 cm	体重：58 kg	肩宽：38 cm

续表

上臂围：29 cm	臂长：49 cm	肘长：24.5 cm
手腕围：15.5 cm	前中长：27 cm	背长：38 cm
腰围高：93 cm	直裆深：18 cm	头长：21 cm
头宽：18 cm	胸围：90 cm	腰围：80 cm
臀围：96 cm	大腿围：57 cm	鞋码：38
骨架大小	□小　□偏小　☑中　□偏大　□大	
体貌量感	□小　☑偏小　□中　□偏大　□大	
面部直曲	□曲　☑偏曲　□适中　□偏直　□直	
动静美感	☑静　□偏静　□适中　□偏动　□动	
风格类型	偏曲线形：□可爱型　□浪漫型　☑温婉型 偏直线形：□经典型　□简约型　□前卫型	
形象调整目标： ①新娘身材中等，上下身比例标准，肩宽略显小，属于 A 形身材，微有曲线，腰腹臀围丰满。与高大魁梧的新郎相比，新娘身形略显矮小。在设计中需要拉长新娘的服饰身线，扩大整体形象的视觉量感，避免腰腹线的臃肿感 ②新娘的五官清秀，头部量感偏小，有修长的脖颈，体貌具有典型的东方古典气质，在服饰搭配中适合采用简洁、精细的装饰风格 ③西式婚礼在海外举行，教堂仪式后的游轮酒会规模较小，大约 50 人。根据新娘优雅、沉静的气质，适合高贵风格的服饰，用简洁的线条勾勒其整体形象		
风格分析结论：	面部比例　较匀称　，身材　微胖　，整体量感　适中　，偏　曲 中直　线形印象，更适合　高贵　的美感，属于　高贵　型新娘风格	
婚礼礼服类型设计建议：建议 H 形或 A 形简约直身式礼服，放松合体腰线，避免繁复的装饰，选择有中式元素的立领与浅袖，在体现脖颈修长线条的同时，有效地修饰臂膀上端的肉感		

根据上述分析，形象设计师应抓住江女士高贵的气质元素做进一步艺术化处理，突显江女士的外貌和个性特点。同时，须协调新娘和新郎的体量差异，新娘在服饰廓形上可以考虑减量的设计，新郎则相应地以沉稳修身为形象塑造原则。

二、西式婚纱服饰搭配

1. 婚纱款型搭配

（1）先为新娘做基础领形试样。江女士脸形较小，圆瓜子脸，下颌略尖，脖颈线紧致、修长，选用曲线圆领可增添其高雅、温婉的气质美，平直的领形可表现成熟、果敢的人格美。江女士的中庭略短，既可以通过化妆修饰，也可以通过服饰领形或门襟的延长纵伸线设计来协调。可以尝试运用中式小立领的设计拉长纵向线条，间接调整面部比例。

（2）从整体来看，江女士的身材匀称，身线呈 A 形，头形圆小，略有圆削肩的情况，须避免选用吊带款或抹胸款婚纱，以免突显肩部与臂膀上端的肉感。因此，为江女士选择连肩短袖款型，不夸张又能自然修饰体形。礼服不采用大廓形设计，而采用简洁、内敛的修身 X 形裙型，低调不失奢华。

2. 婚纱色质面料搭配

（1）江女士的肤色属于浅冷色偏粉红，婚纱建议选用白色偏冷感的底色面料。由于肤色基底很好，白皙透亮，因此明快、干净的色系会让肤色更显光彩。在色彩测试中发现，平日里江女士很少尝试明快色或艳色，其实这些颜色对她而言有着不错的穿着效果，轻礼服可参考试色建议的专属色卡进行选择。

（2）江女士骨架适中，平时喜欢穿着舒适、宽松的衣裙，能很好地遮掩腰线和臀部的体积，显得松弛、温雅。由于 1 月新西兰正值夏季，建议选择光泽温和、透气又有挺阔感的婚纱面料，刺绣装饰精致、不闪耀，符合新娘明媚却不争耀的个性。

3. 婚纱饰品搭配

根据设计方案，为准新娘选搭与高贵风格相配的饰品，如头饰、耳环、手腕花、捧花等，款式和色彩要与整体造型的简洁精致感匹配，饰品的色泽和质感应与服装的整体相协调。

江女士气质沉静，选用饰品要慎重，不可繁杂。根据礼服款式风格，选择当季新款刺绣长头纱，长度及地，向前呈半包围状态，包裹整个身形。头纱质地细腻，边缘装饰有精致的细蕾丝边，并用小钻饰零星布满整块纱。头纱的轻盈、华丽能与缎面礼服完美映衬，自然的褶皱如雾一般笼罩，雅致的装饰成为整体形象的灵动之源。结合头纱材质，挑选一枚水晶镶嵌的"山"字形皇冠和白水晶流苏耳环，与头纱、礼服相得益彰。手上没有过多的饰品，仅戴一枚钻戒，和法式雕花美甲相配。

江女士的西式高贵风格婚纱服饰搭配效果如图 2-8 所示。

图 2-8 江女士的西式高贵风格婚纱服饰搭配效果

三、中式旗袍服饰搭配

1. 旗袍款型选配

江女士的中式婚礼将在上海石库门建筑里举行,海派旗袍作为中式礼服的主婚服,既复古怀旧,又体现海派文化的时尚感。江女士五官清秀、气质温婉,可以选用结合蕾丝花边的双层细镶边中高领旗袍,配以兰花扣。旗袍采用传统的无省工艺制作,长至脚踝,能体现新娘身体的自然曲线,修饰原有的腰臀线条,同时增加体量感,能更好地与新郎量感相配。旗袍袖长至肘部上方3寸(10 cm)位置,袖口略收紧,与肩部线条衔接自然,修饰手臂上端。旗袍开衩位于膝盖上方3寸位置,内衬在开衩处与面料分离,绲一圈蕾丝花边,使新娘行走时双腿若隐若现,显得曼妙而庄重。

2. 旗袍色质面料搭配

(1)根据江女士的浅冷色偏粉红肤色基调,改良旗袍建议选用正红色、偏冷感的底色面料。面料可以采用同色系暗花设计,能衬托镶边扣饰之美,也不至于显得"喧闹"。

(2)江女士平时喜欢穿着舒适、宽松的衣裙,海派旗袍的面料也应顺应其习惯,采用质地细腻、垂感良好的重磅真丝提花面料,其光泽温润、厚薄适中、低调而高雅;配合江女士自带的驼色羊毛大衣,能抵御上海2月的寒意,展示海派淑女特有的中西合璧时尚风范。

3. 旗袍饰品搭配

根据设计方案，为准新娘选搭与海派旗袍相配的饰品，如发饰、耳环、项链、手包、高跟鞋等。

为配合旗袍形象，可以为江女士梳理手推波纹发型。在发型后区佩戴红色绒花。在头顶弧形分缝位置，用同样弧度的珍珠发夹装饰，显得精致。耳环选用耳扣款珍珠耳夹，体现女性的精致优雅。项链选择珍珠短项链，长度与旗袍领圈维度相仿，不宜过于夸张。选用色泽文雅、形状小巧的银色手包，与旗袍相配。高跟鞋可选经典的"玛丽珍"款式，鞋跟高约5 cm，不宜过高，浅口，无防水台，显脚部纤小、精致。

江女士的中式高贵风格旗袍服饰搭配效果如图2-9所示。

图2-9 江女士的中式高贵风格旗袍服饰搭配效果

职业模块 ③ 化妆设计与造型

内容结构图

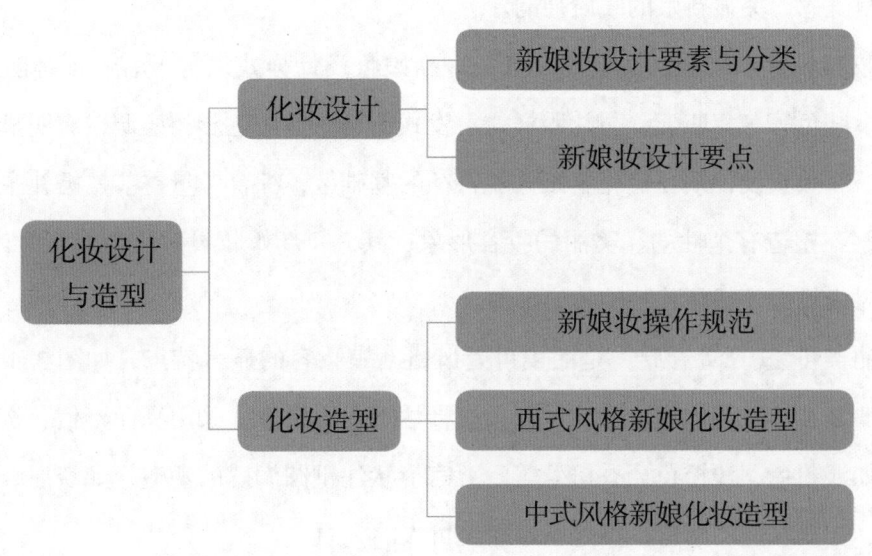

培训项目 1

化妆设计

培训单元1　新娘妆设计要素与分类

一、新娘妆设计要素

1. 新娘妆设计的风格要素

新娘妆是整体形象中较能体现新娘风采的组成部分，须配合服饰、发型共同构建整体形象的风格美感，突显新娘的气质神韵。

新娘妆容设计须把握三个要点：其一，新娘妆设计样式须与顾客自然体貌特征（脸形、五官、肤色等）相匹配，与礼服样式、发式造型、整体色彩相协调，有明显的风格特征；其二，新娘妆设计须在优化新娘体貌特征的基础上，综合考量季节、婚礼主题、场合氛围等因素，塑造有个性的、美丽的妆容形象；其三，新娘妆设计须与流行时尚相结合，打造具有时尚魅力、新颖独特的妆容形象。

（1）甜美可爱。"青春感"是甜美可爱风格新娘妆容的显著特点，如图3-1所示，妆容自然、清新、精致，体现少女感。化妆设计注重色彩搭配，采用亮而不俗、富有生命力的颜色，如浅粉色、浅橙色、香槟紫等。五官形状注重圆润感的塑造，如淡眉、杏眼、圆润的嘴唇、丰满红润的两颊，突显新娘甜美可人的气质。

（2）高贵复古。温婉端庄、简约大气的新娘妆造型符合大多数人的审美。如图3-2所示，高贵气质的新娘妆容自然清透，色彩简洁。其眉形平直，眼妆采用大地色系眼影晕染，并用流畅的眼线、疏密得当的睫毛塑造完美的眼形；唇形饱满，口红颜色采用与整体协调的豆沙色系，整体给人以协调、优雅的美感。对于面部立体的新娘，在高贵风格妆容设计中引入酒红色或樱桃红唇膏，会显得知性又复古。

图 3-1　甜美可爱风格新娘妆设计　　　　图 3-2　高贵复古风格新娘妆设计

（3）中式古典。对于相貌气质具有中式古典韵味的新娘，红色系的中式风格新娘妆容设计较为适合。如图 3-3 所示，妆容清透、白皙，眼影、腮红、唇色均采用与礼服相配的红色系，并以金色、橘色作为辅助，层次丰富、细腻。柔和的柳叶弯眉，细长的眼线、疏长的睫毛、微闪的浅红色眼影，以及眼尾逸出的淡淡腮红，搭配色泽饱满的红唇，是对"红颜"最美的诠释。

（4）新中式。新中式是近年来中式风格新娘妆设计的流行时尚，其符合年轻人对婚礼形象个性化的要求，也体现了新时代人们对中国传统文化的关注和热爱。新中式风格新娘妆时尚、清新、自然，对红色之外的其他色彩兼容性强，注重表现意象化的中式气韵。如图 3-4 所示，妆容塑造精致、细腻，眉毛注重清爽的外形和细腻的毛流感，眼线纤长，眼影用色淡雅、自然，唇形优美、色彩饱满。整体色彩设计温暖、柔和，既能优化新娘的肤色，又能营造温馨、浪漫的氛围。

2. 新娘妆设计与服装色彩的搭配

（1）与白色礼服搭配。白色礼服自带"美颜"功能，会将新娘的肤色映衬得白皙、柔和，体现彩妆色彩的丰富层次。妆容设计应注意妆容的立体结构和气色塑造，以免显得单薄和苍白。如图 3-5 所示，搭配白色礼服的新娘妆设计干净、通透、色彩较轻，表现出

图 3-3　中式古典风格新娘妆设计　　　　图 3-4　新中式风格新娘妆设计

新娘的自然美；眉妆淡雅清新、富有层次感，眼妆用浅粉色眼影晕染，与纤细的眼线和修长的睫毛构成明快的眼部层次；粉色的腮红与眼妆自然衔接，晕染健康的气色；唇妆和腮红属于同一色系，用带有灰度的橘粉色塑造滋润、饱满的唇形。喜欢复古风格妆容的新娘可以在此基础上，用较为浓艳的砖红色勾画优美的唇形，让唇部成为妆容设计的中心。

在实践中需要注意，婚礼仪式若在傍晚之后举行，搭配白色主婚纱的新娘妆底妆应更加白皙一些，以免在灯光下脸色显暗。眼妆用略深的眼影色在眼尾结构处适当强调立体感，以免强烈的灯光经白色礼服反射到脸上时，眼部妆容过于平淡而显得无精打采。同样地，腮红色也应适当加深，强调其作为阴影色的作用。唇膏选用丝绒感的正红色、枣红色、橘红色等较深的颜色，以免唇色过于苍白，影响美观。

（2）与红色礼服搭配。在现代婚礼的敬酒环节，新娘通常会穿着红色的西式礼服，其中丝绒或缎面质感的酒红色礼服能体现高级感和稳重感。在中式婚礼中，新娘嫁衣的色彩也相对偏深，如深朱砂色，能衬托出刺绣装饰的层次感，彰显华美雍容的气质。

穿着红色礼服时，脸部的底色最忌泛黄，底妆应白、透、亮，衬托五官的精致感，与红色礼服拉开色阶，形成反差。如图 3-6 所示，搭配深红缎面礼服的底妆为高明度偏粉色，面部色彩与颈部、胸部、肩部等裸露部位衔接自然；唇妆是妆容的重点，用与礼服同色的唇膏绘制饱满、美观、滋润的完美红唇，与艳丽的礼服色彩呼应；眼妆明快、优美，浓度大于眉妆；腮红含蓄、清淡，与五官拉开色阶对比；整体妆容五官轮廓清晰，结构立体，极具辨识度和华丽感。

图 3-5　与白色礼服搭配的新娘妆设计　　图 3-6　与红色礼服搭配的新娘妆设计

（3）与彩色礼服搭配。根据礼服色彩的色相冷暖不同，妆容设计也各有差异，以冷色系、暖色系、中性色系三种类别进行分析。

1）与冷色系礼服搭配时，新娘妆设计应注重层次塑造，并用含蓄的低纯度暖色渲染妆容氛围，与冷色系礼服形成微妙的对比色关系，表现妆容的明艳感。

如图 3-7 所示，冰蓝色婚纱适合肤色白皙偏冷、气质文雅的新娘；妆容设计和谐、清冽，层次分明，采用高明度偏粉色粉底修饰底妆色彩，使其更为白皙，用低纯度暖豆沙色腮红晕染两颊转折处，塑造面部立体感和底色的温暖感；唇妆色系与腮红一致，塑造丰满立体的双唇，与冷色系礼服形成弱反差；眉妆采用偏暖的奶茶灰，眼影采用与腮红接近的微闪香槟豆沙色，共同构成弱显色的暖色系，整体妆容和谐，且与冷色系礼服形成对比。

2）与暖色系礼服搭配时，新娘妆设计也采用暖色系，用色较礼服更深。妆容注重五官形状塑造，注意控制彩妆晕染面积，以免破坏五官形状、造成色彩层次感的匮乏。

如图 3-8 所示，明黄色礼服纯度很高，适合大部分肤色偏暖的新娘，显得青春可爱、充满活力；妆容设计可以采用比明黄色更深几个色阶的橘红色系——小面积的深色与大面积的黄色能形成很好的呼应关系；眉毛以中性的灰棕色绘制修长、清晰的线条感，眼睛用橘粉色眼影小面积晕染，与细致的黑色眼线、疏朗纤长的睫毛共同描绘灵动的少女气质；唇妆用橘色系唇膏提升整体妆容形象，与刷涂在颧骨外侧的肉粉色腮红呼应；妆容明快、温暖，层次分明，形状清晰，表现新娘自然健康的美。

图 3-7　与冷色系礼服搭配的新娘妆设计　　图 3-8　与暖色系礼服搭配的新娘妆设计

3）常见的中性色有香槟色、浅灰色、裸粉色等，与中性色系礼服搭配时，新娘妆设计适合采用高明度的大地色系彩妆，或采用与礼服色相相同的色调，注重面部结构与五官形状塑造，突出面部的素描关系。其中，眉妆和眼妆是设计的重点。

如图 3-9 所示，高光泽感的灰粉红色礼服在色相上属于暖色，但丝绸缎面光泽质感清冷，故而此类礼服从色感上属于中性；与中性色系礼服搭配的妆容设计应着重塑造结构和五官的形状美，体现新娘知性、高雅的气质，与礼服的质感意象一致；妆容设计注重鼻部结构和面部转折的塑造，并用中性的灰色绘制精致、流畅的弯眉形，用黑色眼线和睫毛塑造眼部的神采；眼影和唇膏采用与礼服一致的粉色，整体色调统一，明度和纯度均不高，能有效地衬托眉妆和眼妆。

图 3-9　与中性色系礼服搭配的新娘妆设计

3. 新娘妆设计与服装类型的搭配（见表 3-1）

表 3-1　新娘妆设计与服装类型的搭配

类别	礼服类型	妆容设计搭配
西式礼服	豪华款白色婚纱	通常搭配高贵复古的妆容设计 新娘妆设计注重面部立体感塑造和五官形状塑造，在婚礼现场强烈的灯光照射下依旧光彩夺目。底妆采用具有遮瑕力和持久度的粉底液，保持肌肤的自然光泽。眼妆采用大地色系眼影打造深邃眼神，用黑色眼线笔塑造眼部神采。眉形立体清晰、层次自然，与底妆形成一定的对比。唇妆和腮红采用粉色系，体现自然、红润的气色
西式礼服	修身款休闲婚纱	通常搭配自然、清新、优雅的妆容设计 新娘妆设计注重清透感和氛围感，不强调五官与底妆的对比，适合日间户外自然光线环境。底妆轻薄，塑造自然、清透的肌肤质感。可以在鼻梁、颧骨、下巴等部位涂抹适量的高光产品，增加面部的立体感。眼妆选择棕色、米色等柔和、淡雅的眼影系，眼线略粗，睫毛浓密，突出眼部神采。眉色自然，眉形饱满。唇妆和腮红采用粉色或桃红色，与整体妆容相协调
西式礼服	粉色系婚纱	通常搭配自然的妆容设计，色调与礼服一致 新娘妆设计注重清透感和轻盈感，与粉色婚纱的浪漫氛围一致。底妆清透，可以使用高光产品在鼻梁、颧骨等部位进行提亮，塑造脸部立体轮廓。眼影与礼服同色，睫毛纤长、轻柔。眉毛的颜色与发色相近，眉形自然。唇膏与腮红采用粉色系轻色，展现新娘的甜美气质
中式礼服	龙凤褂礼服	通常搭配华丽、庄重、典雅的"红妆"设计，展现中式古典美学气韵 新娘妆设计应注重妆容的层次感和五官形状的古典特征刻画。底妆应白皙、无瑕，眼妆选用大地色系、暖红色系、金棕色系等，与服饰协调。眼线精细、流畅，睫毛浓密纤长。眉形选择一字眉或弯眉，表现中式特征。唇妆选择亚光正红色或玫瑰色口红，唇形饱满。腮红色与唇色一致
中式礼服	秀禾服	
中式礼服	旗袍	新娘妆设计注重五官形状的优美感，以饱满的色彩、精致的线条作为主要设计元素，突出妆容的小量感特征 底妆色彩与肤色相近，自然通透。眼妆用大地色系眼影塑造眼部结构，眼线略粗，睫毛浓密，双眼有神。唇妆根据旗袍色彩和质地，选择红色系、裸色系唇膏，勾画优美唇形。腮红色彩与唇色一致，塑造两颊的立体结构感

4. 新娘妆设计与婚礼场合的搭配

（1）西式婚礼场合。西式婚礼类型主要有韩式婚礼、复古婚礼、欧式婚礼、森系婚礼等，每种类型都有对应的场合环境特征。新娘妆设计应结合婚礼场合类型对妆容浓度、形状、色彩、结构等元素进行合理调配，展现自然、美丽的妆容效果。新娘妆设计与西式婚礼场合的搭配见表 3-2。

表 3-2 新娘妆设计与西式婚礼场合的搭配

名称	说明	图示
韩式婚礼	婚礼氛围浪漫、温馨，以白色和浅粉色为主色调，场景设计以简约的几何线条元素为主，灯光常采用暖色调 新娘妆设计风格简约、优雅、端庄，突出清秀的五官刻画。肤色白皙、透亮、无瑕，搭配低纯度的暖色调彩妆，如浅灰色平直粗眉、低纯度的亚光感浅色系唇彩等，体现素雅、低调的妆容风格	
复古婚礼	婚礼氛围具有浓郁的复古风情，以明度和纯度较低的茶色、棕色、红色、墨绿色为主色调，场景常选择具有中国传统特色的宴会厅、园林等，用红木家具、中国结、灯笼、扇子等传统元素营造浓厚的复古风情 新娘妆设计可以参考中西合璧的时髦女郎形象，突出面部的线条感。底色无瑕、均匀、白皙，眉毛的弧度和眼线的流畅度是妆容的重点，唇形圆润，唇色采用低纯度的暗红色，与环境相融合	
欧式婚礼	婚礼氛围高贵、浪漫，场景常选欧式古典风格建筑，如教堂或庄园等，内饰以白色和金色为主色调，灯光明亮、强烈，冷暖适中。现场设置红毯，摆放鲜花和烛台，白色桌布搭配金色餐具和酒杯，仪式感强 新娘妆设计风格华丽，突出新娘脸形和五官的轮廓感和立体感。底妆白皙、无瑕，用明暗对比塑造面部转折结构。眼影采用高明度、珠光质感的大地色暖调塑造华丽感，眼线优美，睫毛纤长，眉形上扬，突出眉弓转折结构。唇妆以珠光豆沙色或丝绒质感的正红色唇膏塑造饱满唇形，与婚礼的风格匹配。腮红扫在颧弓处，紧致面部轮廓，色彩与唇妆一致	
森系婚礼	婚礼氛围自然、浪漫、温馨，充满生机。场景常选择拥有大片绿地、树木和花卉的户外场地，如森林公园、花园等。装饰秉承自然主义风格，以木质、藤蔓、干花、松果、野花等趣味性森系元素为主 新娘妆设计采用柔和的形状设计元素，不突出五官轮廓与肤色的对比，在自然光线下达到清新效果。底妆清透，眉形为略粗的平眉，用略粗的棕色眼线塑造偏圆的眼形，并以浅粉色、淡橙色等油画质感眼影色彩晕染眼部结构，与腮红色彩渲染相接。唇色与眼影色系相同，采用暖红色系唇膏和透明唇彩塑造自然、饱满的唇妆，不强调唇线	

（2）中式婚礼场合。中式婚礼仪式庄重典雅，充分体现中国婚典文化的古韵之美。传统婚礼以红色场景与民俗仪式表现庄重、喜庆、热闹的氛围，新中式国风婚礼则是中国古典文化意象与现代简约审美的结合。新娘妆设计与中式婚礼场合的搭配见表3-3。

表3-3 新娘妆设计与中式婚礼场合的搭配

名称	说明	图示
传统中式婚礼	婚礼依照中国传统婚嫁礼俗，以高纯度的大红色为主色调，追求喜庆大气、雍容华贵的风格，在灯光下显得明亮、温暖。场景常选择古色古香的园林、殿堂，以扇子、屏风、宫灯、红烛、梅兰竹菊设计元素进行装饰 新娘妆设计突出五官与底妆的对比，用柔和的弧线元素、高纯度的红色彩妆打造喜庆、温婉的妆容风格。底妆白皙，眉形多为中式传统柳叶弯眉，色彩过渡自然。眼妆明快，用黑色的眼线和纤长的睫毛塑造完美眼形。唇妆为正红色，形状优美，色泽饱满 搭配各朝代主题的新娘妆设计可根据朝代妆饰特色，绘制花钿，粘贴面饰，以增加华丽感	
新中式国风婚礼	婚礼从中国传统民俗文化出发，结合中国传统文化元素，兼具中式文化特色和现代简约风格，没有朝代礼俗约束，对设计元素的包容感强。场景多选择采光明亮的园林、楼阁、山水等，以红色、金色、蓝色、橘色为主色调，淡雅明快，具有中式文人气质。新娘穿着红色、粉色系旗袍或创意中装，个性色彩强 新娘妆设计配合礼服的色调，强调五官线条的塑造，整体以眼妆神采为重点。底妆白皙，眼影采用金色、橘色系塑造眼部结构和氛围感。眼线流畅、上扬，睫毛纤长、疏朗，眼形优美、妩媚。唇妆采用豆沙粉、橘色系雾面唇膏，塑造饱满、优美的唇形，并用肉粉色腮红扫在眼尾颧弓处	

二、新娘妆设计分类

1. 西式风格新娘妆设计

（1）甜美风格新娘妆设计。甜美风格新娘妆设计旨在塑造甜美、浪漫、可爱的新娘面容形象，是一种注重氛围营造的年轻化的设计风格。

在色彩设计方面，甜美风格新娘妆以明亮、粉嫩的低纯度、高明度的色彩营造透亮的肤色、轻盈的妆感，如浅粉绿、浅粉紫、浅粉红等眼影和腮红色彩，以及橘粉色、豆沙粉、玫粉色等唇色，搭配白皙的肤色和浅棕色的发色、眉色、眼瞳色，呈现风格显著的色彩印象。

在面部结构和五官塑造方面，甜美风格新娘妆不强调面部结构的表现，反而通过用浅色底妆色"填充"面部凹陷结构，塑造圆润、光滑的面部结构，体现年轻感的面容和肤色。五官塑造采用平直的眉形、圆润的眼形、疏朗纤长的睫毛、丰满小巧的唇妆、圆形晕染的腮红等各种减龄妆容设计元素重构新娘的容貌，体现年轻女性独有的面若桃花、清纯靓丽的风貌。

甜美风格新娘妆主题设计主要分为森系、俏皮、温婉等类型，见表3-4。

表3-4 甜美风格新娘妆主题设计

主题	说明	图示
森系	森系主题的甜美新娘妆以清新、自然的高明度色彩为主色调，眉形平直、修长，五官色彩对比柔和 为了体现清透感，底妆必须轻薄、透亮，根据新娘原有的肤色明度进行适当修饰。对于高明度底妆，可以表现眼影、唇色的彩妆感；对于中低明度底妆，则须注重妆容素描关系的塑造 妆容色彩以中高纯度的橙色、肉粉色、绿色系眼影搭配橘色系腮红和口红，形成色相的弱对比 可适当采用花瓣、钻石等自然元素渲染妆容的森系氛围感，与整体形象相配	
俏皮	俏皮主题的甜美新娘妆以不同冷暖的红色系为主色调，眉形粗平，五官色彩对比柔和 为了塑造粉嫩、红润的气色，底妆必须白皙明亮、粉嫩无瑕 妆容色彩以中纯度、高明度的橙色系、玫粉色系、珊瑚红为主色调，用不同冷暖的红色搭配，形成冷暖的弱对比和妆容氛围的协调感。例如，柔和的橙色、粉色、珊瑚色眼影搭配珊瑚色腮红和口红等 妆容可以适当融入细微的彩绘元素，以及珍珠、水钻等妆饰，通过腮红晕染和圆润的五官修饰塑造少女的俏皮感	

续表

主题	说明	图示
温婉	温婉主题的甜美新娘妆以清透、有光泽的自然妆容为主，眉毛平直、修长，显得甜美、沉静 底妆白皙、清透，带有微弱的晶莹光感。妆容以白皙为主，融入五官局部的细腻晕染，显得含蓄、文静 彩妆以中明度、中纯度的粉色、紫色系眼影搭配粉色系腮红和唇膏，冷暖接近的同类色有一种特有的沉静感，能体现温婉的气质	

（2）高贵风格新娘妆设计。高贵风格新娘妆设计旨在塑造高贵、典雅的新娘面容形象，是一种面容结构形状塑造的成熟化设计风格。

在色彩设计方面，高贵风格新娘妆色彩简约，注重面部结构的素描关系，不突显彩妆色相。一般采用大地色系的眼影，搭配灰粉色系的腮红和口红，与白皙的肤色及深棕色的发色、眉色、眼瞳色搭配，形成简约、明朗、低调的优雅感。在一些特殊情况下，如搭配豆沙粉色的礼服时，大地色系彩妆可能会显得黯淡，也可以选用与礼服色彩一致的豆沙粉色作为彩妆主调，但整体妆容色彩须统一在同类色范畴内，塑造文静、娴雅的气质美。

面部结构和五官塑造是高贵风格新娘妆的重点。高贵风格新娘妆非常注重面部结构轮廓紧致感和立体感的塑造，挺直优美的鼻子、立体紧致的脸形、深邃的眼窝都能体现高雅的美感。五官塑造方面，注重唇线、眼线和眉毛的线条刻画，使唇部饱满、眼睛有神、眉形立体，体现知性女性的沉静、聪慧。

高贵风格新娘妆主题设计主要分为韩系、泰系、欧系等类型，见表3-5。

表 3-5 高贵风格新娘妆主题设计

主题	说明	图示
韩系	韩系新娘妆的整体效果清新、自然，突显天生丽质的美感。粉底白皙、通透、无瑕，突出水光肌的质感 彩妆以高明度、低纯度的玫粉色眼影搭配珊瑚系腮红和口红，彩妆色调的冷暖和色相接近，显得非常清爽 五官刻画立体，注重眼尾外侧面部转折结构的塑造。眉形平直略弯、层次自然，眼形完美、立体感强，鼻梁挺直，唇部饱满，整体妆容简约而端庄	
泰系	泰系新娘妆是突显面部立体感的暖色系妆容，整体设计纯度弱、明度对比强，显得明朗、素雅 泰系新娘妆一般以浓烈的欧式眼妆和棱角分明的粗眉为基本特征，底妆均匀、无瑕，突出面部转折感和眼窝凹陷结构的塑造，眼线粗浓且上扬，结合丰满、饱满的唇妆，带给人一种"轻混血"的感觉 泰系新娘妆的色彩设计以低纯度的灰粉色、金色系眼影搭配同色系腮红和口红为主，显得浓郁、强烈、艳丽	
欧系	欧系新娘妆通过化妆手法强调面部结构和五官形状，体现立体的容貌特征。欧系新娘妆整体纯度低、明度对比强烈，五官鲜明，轮廓紧致，显得干净明朗、整洁高雅，富有力量感 欧系新娘妆强调眉毛转折线条和眼尾形状轮廓的塑造，并用腮红强调与下颌线平行的颧弓线，用唇线收紧唇角，使新娘的容貌呈向上态势，给人一种尊贵、典雅的华丽感 在色彩运用上，欧系新娘妆以白皙的粉底塑造清爽的底妆，并用低纯度、中低明度的棕色、金色系眼影搭配暖色系腮红和口红，与深色发色、眉色、眼瞳色形成强烈明度反差，具有神秘的古典美	

2. 中式风格新娘妆设计

中式风格新娘妆设计旨在塑造符合中国传统理念的端庄、温柔的新娘面容形象，色彩和五官塑造都符合中国传统文化对女性美的理解。

在色彩设计方面，具有传统美的"红妆"是中式风格新娘妆设计的基本色调，在白皙的肤色上，用正红色、肉粉色、豆沙粉色等红色系渲染面部气色、修饰五官结构，并着重塑造具有中式妆容美学意义的"红唇"。随着与现代审美结合的新中式国风时尚兴起，红色并不是唯一的中式风格新娘妆色调，可以采用不同冷暖的粉色系搭配，或粉色系与正红色的"混搭"。无论色彩变化如何，中式风格新娘妆的五官神韵都应具有高度的审美统一性。

中式美学是平面的，讲究气韵生动，妆容设计并不注重面部和五官结构的立体塑造，但对五官形状的古典韵味、五官之间有机构成的和谐感非常重视。眉眼之间的浓淡对比、眼尾上扬的气质神韵，唇部在整个面部的存在感，都是中式风格新娘妆设计的要点。

中式风格新娘妆设计根据当今中式婚礼时尚，分为传统和新中式国风两种。其中传统新娘妆除周制之外，当属搭配秀禾服的红妆最为典型。这两种化妆设计的风格、思路异同见表3-6。

表3-6 中式风格新娘妆主题设计

主题	说明	图示
中式秀禾	中式秀禾新娘妆的重点是红唇的刻画，在白皙无瑕的底妆上，用丝绒质感的正红色绘制饱满、完美的唇形，奠定中式风格新娘妆的基本特征 在眼妆方面，中式秀禾新娘妆注重眉毛和眼线的流畅感，眉眼均呈上扬之势，眼形完美，睫毛纤长，橘色、棕色眼影，艳丽的唇色与黑色的秀发、眉色、眼瞳色搭配，呈现浓郁的中式古典风韵 中式秀禾新娘妆的腮红不宜过浓，晕染面积不宜过大，以免减弱面部明度对比，破坏白皙面妆与红色嫁衣所构成的整体形象的明快感	

续表

主题	说明	图示
新中式国风	新中式国风新娘妆的五官形状刻画与中式秀禾新娘妆类似，粉底白皙，塑造水光肌的质感，眉形可以更淡雅、平直一些，突显现代中式妆容时尚又复古的高贵感 新中式国风新娘妆的重点以眼妆的上下晕染为主，眼线流畅有力，眼形完美，并以中明度、低纯度的灰粉色、珊瑚系眼影搭配暗粉色系腮红和口红，与白皙的肤色和棕黑色的发色、眉色、眼瞳色共同呈现清雅、明朗、妩媚、古典的特点	

培训单元 2　新娘妆设计要点

一、新娘妆设计方案制定工作流程

婚礼当天的新娘妆不但要美丽得体，而且要在短时间内根据婚礼环节和服装变换需要进行调整。因此，在婚礼举行之前，形象设计师需要做好准备，为新娘试妆，并制定适应婚礼全程的动态方案。新娘妆设计方案制定工作流程见表 3-7。一般来说，婚礼前的试妆工作可以与发型试妆、服装试装一起进行，从整体形象的角度对化妆设计方案进行调整和确认。

表 3-7　新娘妆设计方案制定工作流程

步骤	内容
咨询	1. 根据顾客的档案资料，提前了解婚礼的主题风格、日程、策划流程等信息，形成新娘妆设计的初步思路 2. 在自然、轻松的谈话氛围下，主动询问顾客喜爱的妆容风格 3. 与顾客确认婚礼当天的换装数量，以及礼服款型、色彩等信息，作为婚礼当天换妆方案的依据

续表

步骤	内容
咨询	4. 观察顾客的肤色、脸形、五官、气质等基本要素，根据顾客需要，为顾客提供婚前面部护理建议 5. 准备一些符合顾客需求的案例，向顾客介绍机构的化妆服务情况，报价并确认妆容设计意向 6. 拍摄顾客面部形象照片，留存备案
预约	1. 提前与顾客沟通，确认试妆时间、地点 2. 如果顾客的时间档期不能接受完整的发型和化妆试妆服务，可以另约时间单独试妆
设计确认	1. 根据顾客的面貌特征、年龄、气质、需求等要素，制作适合婚礼形象变换流程的化妆设计方案 2. 通过邮件、电话、线下征询等方式和顾客沟通、确认设计方案
试妆	1. 提前准备化妆产品和工具，等候顾客光临 2. 为顾客做皮肤测试，并试用化妆品，检查是否有过敏反应 3. 根据设计方案，为顾客化新娘妆。在条件允许的情况下，试妆时可以结合发型和服装，模拟婚礼灯光的冷暖和亮度进行形象测试 4. 征询顾客意见，确认化妆设计方案 5. 拍摄试妆的妆容形象照片并存档
工作策划	1. 根据档案记录，确认顾客婚礼当天的流程安排 2. 根据婚礼当天各环节的换装计划，核算妆容调整时间，制订换妆工作计划，确保万无一失
婚礼前的准备	1. 根据妆容设计需求和换妆流程安排，准备相应的化妆产品和工具，以及专用的跟妆包 2. 婚礼前 1 个月内，电话随访顾客的皮肤护理情况 3. 为顾客预约婚礼前 1 天的皮肤清洁护理服务和美甲服务，为其提前做好护肤和美甲，保持良好状态

二、新娘妆方案制定要点

1. 了解新娘的肤质和肤色

在制定新娘妆方案时，首先要了解顾客的肤质和肤色，以便为其选择适合的化妆品和彩妆颜色。顾客须在婚礼举行前 1~1.5 个月进行皮肤的护理和保养，形象设计师可根据顾客的肤质类型和状态，用专业知识为顾客制定专属的皮肤护理方案。

顾客的肤色一般分为冷色和暖色两大类，理想的化妆底色分别是冷白色和暖白色。顾客的肤色若为中明度，一般偏暖，可以采用明净的、与其肤色明度接近的中明度底妆修饰。对于冷白色肤色的顾客，采用纯度和明度都较高的色彩会更靓丽出彩；对于暖色肤色的顾客，暖白色肤色适合明亮的浅色系和高纯度的色彩，能突显青春活力，而中明度暖色肤色则适合沉稳的大地色系，突显优雅、大方的气质。不同冷暖肤色的新娘妆造型效果如图 3-10 所示。

冷白色肤色　　　　　　　中明度暖色肤色

图 3-10　不同冷暖肤色的新娘妆造型效果

2. 判断新娘的量感特征

量感是形象设计的重点，人的面容是形象量感的重要体现，也是服饰搭配量感的参考依据。量感是一种特点，没有优劣之分，针对不同顾客的量感特征，新娘妆设计也应采取不同的策略。

新娘妆是一种风格性很强的妆容，大量感的女性和小量感的女性在妆容设计的风格和形式上存在很大的差异，呈现的效果也很不一样。大量感的女性脸庞宽，五官舒展、占比大，眼形、唇形偏曲线，鼻子偏直线，整体线条偏曲线，给人外向、张扬、大气的感觉，显得厚重、丰腴。小量感的女性脸庞小而尖，五官紧凑、占比小，唇形圆润、较曲，鼻子、眼睛线条偏直，面部整体线条曲直适中，脸上留白多，给人年轻、活泼的动态感，但略显单薄。因此，大量感的新娘妆设计注重面部立体结构的修饰，五官刻画可以浓艳、厚重，明度层次对比强。小量感的新娘妆设计注重肤色和腮红的色彩扩张性修饰，营造温柔、粉嫩的妆容色彩氛围感，五官的线条和色彩塑造相对柔和、清透，明度层次对比较弱。不同量感的新娘妆设计如图 3-11 所示。

大量感　　　　　　　　　小量感

图 3-11　不同量感的新娘妆设计

3. 与其他造型元素相协调

（1）气质。气质是一个人精神面貌、性格修养的表现，根据顾客的气质，为其选择适合的新娘妆风格，不仅能提升顾客的容貌形象，也能契合顾客的形象设计需求，使顾客更好地理解和接受为其制定的新娘妆方案。例如，对于温柔、内敛的新娘，可以为其制定淡雅、温婉的妆容，打造白皙的水光肌效果，眉妆和眼妆采用平和的曲线，更好地体现其气质特征。对于活泼、开朗的新娘，可以为其制定明亮的妆容，采用具有活力感的高光塑造趣味性的闪亮感，眉妆和眼妆采用上扬的强动感线条体现活泼气质。

（2）服饰。新娘妆方案制定须考虑婚礼当天的礼服情况，婚纱的款式会影响妆容的选择。例如，蕾丝、雪纺等轻薄材质的婚纱适合淡雅的妆容，面部结构和五官塑造的明度对比应偏低；重工、拖尾等华丽的婚纱适合浓重的妆容，面部结构立体，五官妆容效果可以相对浓艳。

（3）发型。新娘妆方案制定须考虑新娘的发型情况，尤其是发型内轮廓设计。例如，对于没有刘海、全部额发上梳盘起的发型，新娘的眉毛形状须根据额头高低进行调整，眉妆色彩对比略浓，轮廓更为清晰，眼妆的浓度也随之提高。而对于蓬松的、伴有空气式刘海的森系发型，新娘的眉妆应采用柔和自然的弱对比设计，突出眼妆的圆润和柔和，并加强睫毛修饰，与发型的形象风格协调。

（4）配饰。新娘妆方案制定须考虑新娘的配饰情况，如头饰、耳环、项链等，妆容与配饰相互协调，才能营造完美的整体效果。例如，简约、轻盈的配饰配合淡雅清新的妆容，豪华的配饰配合浓艳大气的妆容。

4. 与婚礼策划相符合

新娘妆方案制定须根据婚礼的主题和场地，为新娘选择合适的妆容风格。例如，户外婚礼的光源是冷暖适中的自然光线，新娘会与宾客近距离接触，妆容设计也应据此采用底妆清透、五官对比自然柔和的清新风格。又如，晚间在大宴会厅举行的隆重仪式上，考虑到强烈的人工光线，以及与宾客之间距离较远等因素，新娘的妆容应注重结构和五官的修饰，色彩可以浓重一些，突出新娘容貌的辨识度。

此外，新娘妆方案制定须综合考虑婚礼当天的时间安排，做好跟妆、补妆、换妆工作。第一个妆容应采用持久性强的粉底，确保妆容能够保持较为持久的完美状态，可以适当增加定妆粉的使用。

培训项目 2 化妆造型

培训单元 1　新娘妆操作规范

一、新娘基础妆容技术规范

1. 面部清洁和护理

在为新娘化妆前，先为新娘清洁面部，避免油脂、灰尘、彩妆残留堵塞毛孔。然后，使用化妆水、精华、乳液/保湿霜等产品为新娘做皮肤补水工作，保持皮肤水油平衡，确保妆容服帖、妆效持久。

2. 眉部清理

婚礼当天应保证新娘眉部整齐、无杂毛。可以用眉梳梳顺眉毛，用眉剪剪齐修平，并用眉镊将眉眼之间的杂毛拔除。如果眉眼之间的皮肤因拔眉有发红现象的，可以用冷敷的方法使其恢复原状，然后再化妆。如果时间紧迫，可以用刮眉刀刮除眉部多余的毛发。婚礼前的试妆环节也可以为顾客修眉，但建议使用拔眉手法，而不采用刮眉方式，以免眉毛在短短几天内长出很难去除的粗黑萌芽，影响婚礼当天的妆容效果。

3. 底妆修饰

底妆修饰前，先涂抹适合皮肤色彩的隔离霜，以隔离彩妆、提亮肤色。然后选择适合新娘肤质和肤色的粉底液或粉底霜，将粉底产品倒在调色盘上，用海绵粉扑或刷子上妆，避开眉毛区域，从面部中心向外侧均匀涂抹。操作时应兼顾下颌、耳后和颈部皮肤，使其与面部肤色保持一致。如果新娘有痘印、色斑、黑眼圈或其他皮肤瑕疵，可以在底妆上妆后，用与底妆色彩相近的遮瑕产品，轻轻点涂在需要遮盖的部位，并用指腹均匀推开。遮瑕后的面部状态应均匀、无瑕，喷施定妆喷雾或用散粉定妆，使妆容持久且不厚重。

4. 眼妆修饰

眼妆修饰是新娘妆化妆操作中相对复杂、对精致度要求较高的一个环节，须按以下要点操作。

（1）眼形调整。观察新娘的眼睛状态，若有轻微水肿，两眼高低、大小不一致，眼尾下垂的情况，可以使用双眼皮贴或双眼皮胶进行调整，使眼睛左右对称、眼尾平直，双眼自然且美观。

（2）眼线描画。在上下眼睑处用小化妆刷扑上少许散粉，保证皮肤干净无油。画眼线时，根据新娘的眼形选择合适的眼线形状。一般来说，可以选择自然、细致的细眼线，或者尾部稍微加粗的猫眼眼线。操作者的手保持稳定，从内眼角开始沿着睫毛根部轻轻描绘眼线，可以用眼线刷或棉签蘸取适量的眼影粉或眼线胶填充眼线的空白区域，以增加持久度。眼线完成后，用刷子蘸取透明眉胶或防水定妆喷雾，轻轻点涂在眼线上，防止晕妆。

（3）眼影晕染。新娘妆的眼影晕染应均匀、自然，不晕妆。选择质地细腻、妆效贴合的眼影粉，用眼影刷轻拍、点涂在上眼睑部位并晕染自然，眼影的宽度应占上眼睑宽度的2/3。如图3-12所示，新娘妆眼影上妆一般采用平涂晕染法，从内眼角向外眼角晕染，靠近眼线处略深，向上逐渐变浅，形成清爽、自然的晕染效果。或如图3-13所示，采用纵向晕染法，先用平涂晕染法打底，再用深色眼影沿着眼线向上做小范围晕染，形成浓郁、自然的晕染效果，能在一定程度上重塑眼形。新娘妆下眼睑的眼影晕染较上眼睑淡雅很多，面积更小，只需用笔刷上剩余的眼影粉轻轻扫在下眼睑睫毛根部即可，范围在下眼睑的外1/3处。

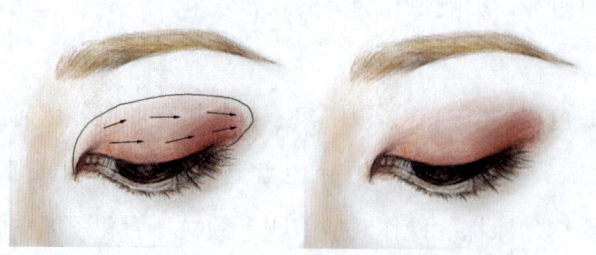

图3-12 眼影平涂晕染法

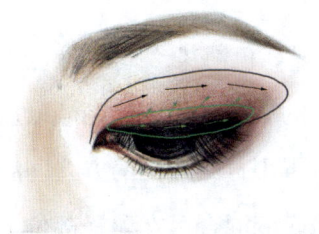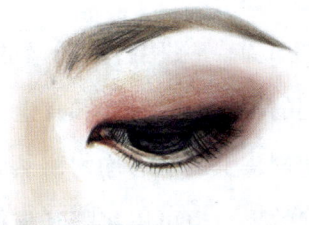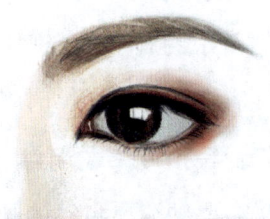

图 3-13 眼影纵向晕染法

（4）睫毛塑造。新娘妆睫毛修饰是提升眼部妆容效果的重要步骤，可以仅修饰真睫毛，也可以用真假睫毛结合修饰，其目的都是呈现良好的睫毛效果。在上妆前，先使用睫毛夹从根部开始慢慢向睫毛尖端移动，夹翘睫毛，再用睫毛刷将睫毛梳顺。打开睫毛膏瓶盖，将刷头从根部开始，以 Z 形方式涂抹睫毛膏。保持刷头与眼皮平行，先从睫毛根部开始向上刷，再从睫毛中部开始向两侧眼角方向刷，最后从睫毛根部向上刷至尖端。眼角和眼尾睫毛相对稀疏，可以将刷头竖向放置，局部多刷几次。如果需要佩戴假睫毛，可以在夹翘睫毛后，将整条或单簇假睫毛粘贴在自然睫毛的根部，弧度与自然睫毛一致，并用睫毛膏将真假睫毛修饰自然。

5. 眉形塑造

新娘妆的眉妆在视觉上弱于眼妆，有着流畅的形状和自然细腻的纹理。在眉部整洁的前提下，用眉笔从眉头下方开始，画出眉毛形状的下线、确定眉毛的走向，然后绘制眉尾和眉形上线，形成完整的眉形。接着，沿着眉毛的生长方向填补眉毛中的空隙，塑造自然、连贯、层次丰富的眉色。根据新娘的脸形比例，可以在眉峰处稍微加深眉色，增加立体感。眉尾部分从眉峰处向后晕染，使其柔和而自然。新娘妆的眉形塑造要注意左右眉毛的形状对称和长度美观。

6. 唇妆修饰

新娘妆的唇妆左右对称、形状美观，质地滋润，体现理想的饱满质感。修饰时选择与新娘肤色匹配的唇膏，用唇线笔从上唇中央开始向两侧绘制，形成流畅、对称的唇部线条和饱满的唇形。唇色填涂可以少量多次上妆，层层叠加，以达到理想的纯度和滋润度。完成唇妆后，在唇部覆盖一层薄薄的纸巾，用粉刷蘸取定妆粉，隔着纸巾为唇部定妆，防止脱妆。

7. 腮红修饰

根据新娘的脸形确定腮红的位置，采用自然粉嫩的腮红色渲染红润的气色。一般来说，腮红应该涂抹在微笑时隆起的苹果肌上，即颧骨上方的位置。用腮红刷蘸取适量的腮红粉，先轻轻拍打在手背上，使刷头上的色彩均匀，然后再用打圈晕染的方式刷涂在脸颊上。如果需要塑造更自然的腮红效果，也可以将腮红与粉底液混合后在颧骨部位上妆，使妆效更持久。

8. 整体修整

新娘妆完成后，需要检查面部结构情况，用高光修饰转折部位，表现结构优点和良好的皮肤质感。同时，用阴影色修饰脸形轮廓，紧致面部结构。修饰时，用笔刷蘸取少量高光粉，在手背上轻轻拍开，使其刷头上的粉分布均匀，然后刷涂在额头、鼻梁、眉下方的眉骨、颧骨上方转折处、下巴中央等部位。这些部位通常会因为光线的照射而更加明亮，适量使用高光可以增强结构立体感，并使肌肤显得更有光泽。修容时，用修容刷蘸取少量棕色系修容粉，刷涂在下颌线、发际线、太阳穴和脸颊两侧等部位，使妆容产生视觉上的收敛感，塑造完美的面部轮廓和线条。整体修整时要注意色彩过渡自然，避免出现明显的色差。

二、新娘跟妆技术规范

1. 新娘补妆技术规范

每位新娘的情况不同，补妆内容也不尽相同。表3-8归纳了常见的补妆情况和应对方式。

表3-8　新娘妆补妆情况和应对方式

情况	说明	应对方式
脱妆	婚礼当天可能会因长时间的活动而流汗，从而导致妆容脱妆或褪色	用吸油纸和面巾纸擦拭面部油汗，喷洒补水喷雾，针对脱妆具体部位进行补妆
油脂分泌过多	面部的油脂分泌可能会导致妆容变"花"，特别是在T区（额头、鼻子和下巴）等容易出油的部位	使用吸油纸或控油产品进行面部油分控制，并在底妆晕染的部位进行修补和定妆
眼影眼线、晕妆	婚礼当天可能会有感人的时刻，眼线、眼影可能会因为眼泪、汗水或摩擦而晕妆，导致眼部妆容不均匀	先用棉签蘸取卸妆产品卸除晕妆部位的彩妆，然后再补妆

续表

情况	说明	应对方式
唇部褪色	婚礼当天可能会有吃喝和互动的环节，唇妆可能会因为喝水、吃东西或亲吻而褪色	需要准备唇膏、唇线笔，及时为新娘补妆，并用口红定妆喷雾做唇部定妆
皮肤状况变化	新娘可能会有紧张、焦虑或情绪波动，这会导致皮肤状况的变化，如痘痘、红肿或暗沉	可以使用遮瑕膏、粉底液或散粉等产品进行补妆修饰，并辅以具有镇静作用的补水喷雾

为新娘妆补妆时应尽量选择与原妆容颜色、质地相近的产品，以免造成色差或质感不协调。此外，补妆操作应轻柔、耐心，给顾客提供优质的服务。

2. 新娘换妆技术规范

表3-9归纳了常见的新娘换妆情况和应对方式。

表3-9 新娘换妆情况和应对方式

情况	说明	应对方式
仪式环节变化	婚礼通常由迎宾、仪式、宴会多个环节组成，每个环节的氛围和要求不同，需要不同的妆容来适应	在庄重的仪式上，可以通过提亮面部凸出结构、强化眉形的弧度和色彩对比、改变眼影色彩倾向，来塑造更加具有正式感和高贵感的妆容；而在氛围相对轻松、愉悦的宴会上，可以通过调整眼影色彩倾向、更换唇色、晕染浅色腮红等方法塑造更加明亮和活泼的妆容
拍摄场景变化	婚礼当天通常会有婚礼现场照片的拍摄环节。不同的拍摄场景和主题可能需要不同的妆容来突出新娘的美丽和个性	在户外自然光下拍摄时，可以选择清透、自然的妆容；在室内灯光下拍摄时，可以选择高光立体的妆容。一般在制定化妆方案时就已经对妆容变化方案有所安排，根据不同场景的拍摄需要完成妆容的顺利转变
服装变化	新娘通常会有多套礼服，其款式和颜色会有差异，需要与不同的妆容配合，展现最佳形象	用淡雅的妆容配合白色婚纱，在穿着华丽晚礼服的敬酒环节，则在淡雅的妆容基础上增加浓郁的彩色眼影，更换艳丽的唇膏色彩，提高妆容的明度和纯度，使其与服装形象相配
自身需求和感觉	新娘是婚礼当天的主角，需要重视其需求和感觉。如果新娘在婚礼过程中感到疲惫或不舒服，或者想要尝试新的妆容风格，可以考虑进行换妆	须与新娘保持密切沟通，关注新娘状态，根据新娘要求改换妆容，使其符合新娘对形象的需求

在工作过程中，形象设计师须对婚礼当天新娘妆的流程和形象方案了然于心，提前准备换妆所需的彩妆品、卸妆产品和工具，在短时间内对新娘的妆容进行局部调整。

三、新娘妆服务规范

1. 服务过程规范

（1）预约与沟通。形象设计师须在婚礼举行前与新娘保持沟通，确认妆容方案，并指导新娘做好皮肤护理。在婚礼前 1~2 天，与新娘确认化妆的时间和地点，确保当天能够准时到达。

（2）工具与产品的准备。形象设计师须根据工作方案要求，准备化妆工具和产品。所有的工具和产品都应提前清洁、消毒，符合卫生标准。

（3）皮肤准备。在化妆前，应先为新娘进行基础的皮肤护理，如清洁、保湿等，确保新娘皮肤状态良好。

（4）认真化妆。在化妆过程中，应非常细心和耐心，确保妆容的每一个细节都做到精致、美观。同时，应在操作过程中关注新娘的感受，手法轻柔，上妆高效，给予新娘良好的服务体验。

（5）及时补妆。婚礼当天可能会有各种意外情况，形象设计师应伴随新娘左右，及时为新娘补妆，确保妆容始终完美。

（6）后期清理。婚礼结束后，形象设计师应及时将所有的产品、工具收拾干净，确保场地整洁。

（7）售后服务。形象设计师须根据合同要求提供一定期限的售后服务，如有问题或不满意的地方，应及时解决。

2. 化妆品使用规范

（1）选择适合的化妆品。根据新娘的肤质、肤色和婚礼当天的环境，选择合适的化妆品。例如，如果新娘的皮肤较干，可以选择含有保湿成分的粉底；如果婚礼当天气温较高、容易使人出汗，可以选择防水眼线笔，并选用定妆产品。

（2）避免过敏反应。对皮肤敏感的新娘，应提前沟通，采用适合其肤质的化妆品。在使用新的化妆品之前，应先在新娘手背或耳后进行试妆，确保新娘不会对产品产生过敏反应。

（3）适量使用彩妆品。不要过量使用化妆品，特别是眼影、腮红等产品，以免妆容看起来过于浓重，高光使用也应谨慎。此外，婚礼延续时间较长，厚重的彩妆不易快速补妆，影响妆效。

（4）保持清洁。所有的化妆工具和产品都应该是清洁的，符合卫生标准。化妆刷应定期清洗，避免细菌滋生。婚礼当天应准备足够的纸巾、湿巾、酒精棉，随时为工具消毒。

（5）避免混合使用。一方面，不同的化妆品品牌和系列可能含有不同的成分，混合使用可能会导致化学反应，影响化妆品的效果和安全性，因此最好在同一次化妆中使用同一品牌的化妆品。另一方面，形象设计师的化妆品为不同的新娘服务，有交叉感染的风险，因此在服务之前，须用干净的纸巾或湿巾将膏体、粉饼表面擦掉一层，保证卫生。使用时不要直接蘸取，可以将彩妆品用调刀挑取，置于消过毒的调色板上，经调和后再施用在新娘皮肤上。

（6）及时卸妆。婚礼结束后，应及时为新娘卸妆，避免化妆品残留在皮肤上，导致皮肤问题。

培训单元 2　西式风格新娘化妆造型

一、甜美风格新娘化妆造型

甜美风格的新娘妆可爱、柔和、青春感强，对妆容的氛围感、五官塑造的柔和感有一定的要求，而对结构塑造要求不高，是一种易于掌握、适应性强、妆效良好的新娘妆类别，广受中国女性欢迎。在此介绍两种甜美风格的新娘妆，一是以色彩塑造为主的俏皮风格，二是以五官形状塑造为主的温婉风格。

俏皮甜美风格新娘化妆造型

顾客无妆正面照如图 3-14 所示，分析结果如下。

年轻女性，干性肤质，皮肤紧实，略干燥，无松弛现象。

脸形为方圆形，三庭均匀，五官舒展，比例良好。面部线条柔和，转折平缓，上眼睑有凹陷结构，下眼睑有泪沟和黑眼圈现象。

肤色白皙，眉毛疏淡。头发、瞳孔均为黑色，发际线整齐，额头偏高。

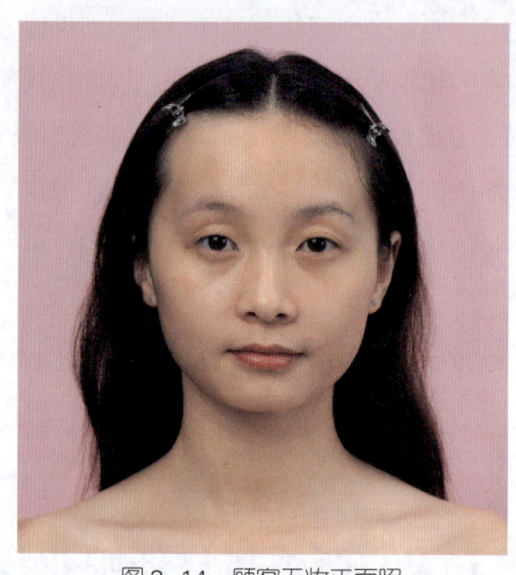

图 3-14　顾客无妆正面照

操作准备

1. 对所有的工具进行全面消毒，并擦净工作台面，清理工位四周。准备垃圾桶、酒精棉、面巾纸等。

2. 准备化妆产品和工具，铺上桌垫。化妆笔提前清洁、晾干，整齐地插在笔筒内。按照使用顺序将物品整齐地布置在台面上。

3. 在妆前为顾客修干净眉部的杂毛，并做好面部清洁和保湿工作，保证皮肤处于良好状态。

操作步骤

步骤 1　涂抹隔离液

在化妆之前，需要为顾客涂抹隔离产品。顾客为干性皮肤，应采用具有滋润度的轻薄液体隔离产品。

旋开隔离液瓶盖，轻捏瓶盖上的橡胶泵，抽取隔离液，将隔离液点涂在顾客面部，如图 3-15 所示，然后用手抹匀。

步骤 2　底妆修饰

（1）遮瑕。顾客肤色较均匀，没有明显的暗沉、痘印，只在面颊鼻侧部位有不明显的小雀斑。操作时用小笔刷取与其肤色接近的暖色系遮瑕膏遮盖小雀斑，如图 3-16 所示，并用蜜粉定妆。

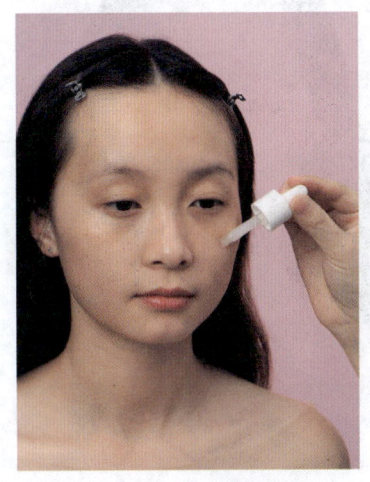

图 3-15　点涂隔离液

图 3-16　取暖色遮瑕膏

（2）粉底修饰。顾客的肤色白皙、冷暖适中，需要将冷暖不同的粉底结合使用。选用明度与顾客肤色接近的冷白和暖白两种粉底液，取少许置于透明调色板上，调和成适合的底色；再用粉底刷蘸取底色，顺着面部肌肉走向将底色均匀刷涂在脸上；用海绵粉扑轻轻按压，使底色完全贴合皮肤，如图 3-17 所示。

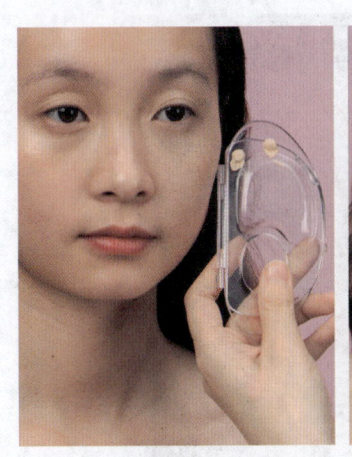

调底色

粉刷上妆

按压均匀

图 3-17　粉底修饰

（3）定妆。用绒面化妆粉扑蘸取透明蜜粉，用按压的手法进行全脸定妆，使妆容贴合、自然，无浮粉，如图3-18所示。

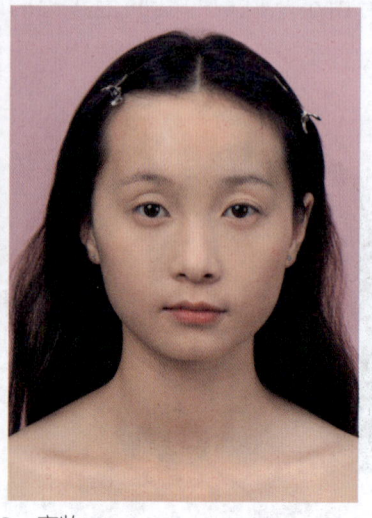

图3-18　定妆

步骤3　眉妆修饰

俏皮风格的甜美新娘妆色彩温暖、轻盈，棕色眉更能与粉红色的妆容色彩氛围相融。选择暖棕色眉笔，从眉头下方下笔，用流畅的线条画出眉毛的曲度和形状，再仔细填充眉毛的缝隙，并用眉刷顺着眉毛的生长方向刷匀眉色。操作时应注意两侧眉毛的对称性，顾客自身的眉毛疏淡，与暖棕色眉妆结合度良好，整体色调柔和、线条清晰、层次自然，如图3-19所示。

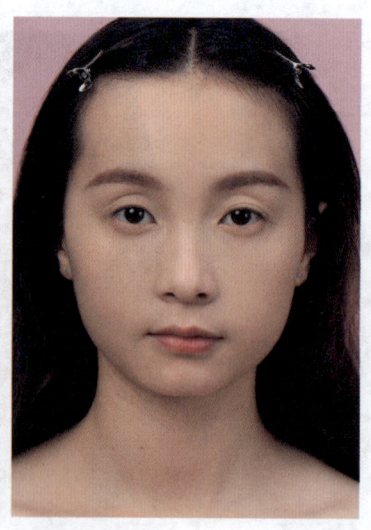

图3-19　眉妆修饰

步骤 4　眼妆修饰

（1）眼影修饰。顾客上眼睑有凹陷结构，可以用豆沙粉色和白色珠光眼影粉塑造眼部立体效果，提亮眼部。先用小眼影刷蘸取亚光的粉色眼影在眼尾结构处落笔，轻轻晕染眼窝结构，并向前晕染至内眼角；然后蘸取白色珠光眼影粉，从内眼角开始向后晕染，覆盖眼睑最凸起的部位，晕染面积与粉色眼影呈斜向对等状态，如图 3-20 所示。修饰后的眼影色彩柔和、明亮、温暖，如图 3-21 所示。

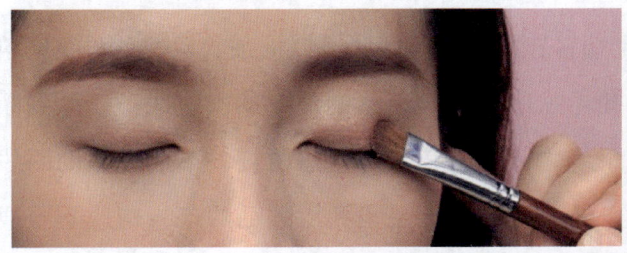 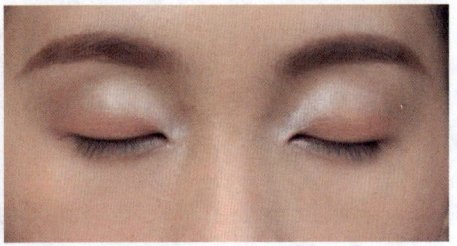

图 3-20　眼影晕染

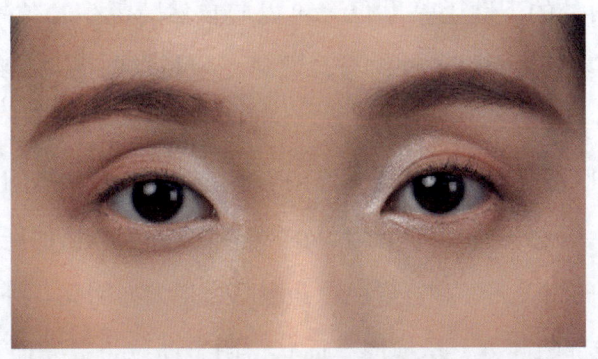

图 3-21　眼影修饰效果

（2）睫毛和眼线的修饰。如图 3-22 所示，先用睫毛夹夹翘睫毛。根据顾客眼形单簇嫁接透明梗无痕 A 形假睫毛，这种短基线透明梗的假睫毛比整条睫毛更自然灵动，与真睫毛结合度更好。操作时，用弯头睫毛镊夹住假睫毛，在睫毛根部涂上适量胶水，一簇簇贴在上眼睑上，外眼角取的假睫毛略长，靠近内眼角的假睫毛则相对较短，粘贴后的睫毛整体卷翘、根根分明，真假睫毛弧度结合良好，效果自然。在外眼角处的睫毛可以向上贴一点儿，与自然眼线形成一个夹角，与略粗且上扬的眼线外侧一致，能充分展现睫毛的卷翘度，如图 3-23 所示。

  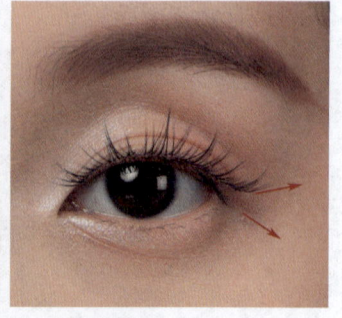

图 3-22　夹翘睫毛　　　　　　　　图 3-23　粘贴假睫毛及其效果

请顾客垂下眼睑，用手或化妆刷尾端轻轻提起顾客眼睑，以极细的深棕色眼线笔填补真睫毛内侧的眼线以及假睫毛与真睫毛之间的缝隙，绘制流畅的眼线线条。画到眼尾部分时，须妥善填补假睫毛与自然眼线之间的夹角，并向后收细，形成自然的眼线效果。下眼线不必用眼线笔勾画，可以通过粘贴假睫毛、利用睫毛的连线构成下眼线形状。操作时用分簇的下眼睑专用假睫毛整齐地贴在下眼线上，睫毛簇之间不要挨得太近。其中，外眼角处的下睫毛粘贴位置可以与自然睫毛生长位置分开一些，保持约 1 mm 的距离，然后逐渐向内眼角方向与自然睫毛生长点归拢。眼线和睫毛修饰效果如图 3-24 所示。

（3）卧蚕绘制。卧蚕是紧邻下睫毛下缘的一条 4~7 mm 带状椭圆体结构，微笑时会很明显，似乎眼睛含笑，显得笑容很有魅力。在塑造俏皮甜美风格的新娘造型时，可以通过卧蚕的塑造表现妆容的甜美属性和青春感，让眼睛显得大而明亮。卧蚕的提亮面位于下眼睑睫毛的下方、眼中部凸起处，呈横向窄面状；阴影面位于提亮面下方靠近内眼角的位置，呈横向凹面状。卧蚕的提亮面与阴影面紧邻，略有错位，如图 3-25 所示。

 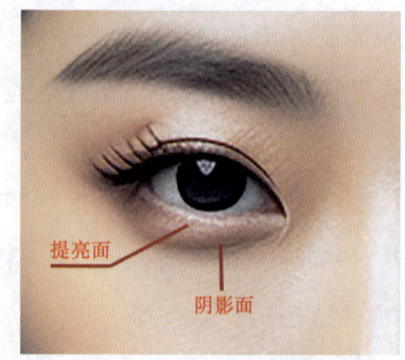

图 3-24　眼线和睫毛修饰效果　　　　　　图 3-25　卧蚕结构

先用小笔刷蘸取棕色修容粉绘制卧蚕阴影线条并晕染，形成自然的阴影面。然后用高光笔在横向提亮面点涂并晕染自然。操作时，阴影和提亮的产品用量不可过多，以免显得生硬、突兀。两侧卧蚕的大小、位置、形状、色彩对比均需对称，可以根据设计需要粘贴水钻等装饰。卧蚕修饰后的眼部效果如图3-26所示。

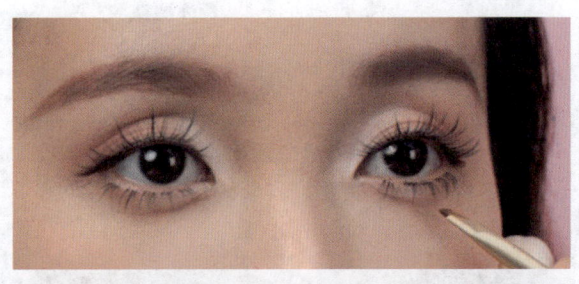

图3-26　卧蚕修饰

步骤5　腮红修饰

俏皮甜美风格的新娘妆突出的是可爱的少女气质，腮红晕染可以"孩子气"一些，用圆形腮红的上妆方式将腮红置于眼睛下方、苹果肌的最高点处。请顾客微笑，展现苹果肌的结构形态，用小型平圆头腮红刷蘸取适量肉粉色腮红粉，从苹果肌最高点落笔，以打圈的方式绘制色彩集中的圆形腮红，烘托甜美可爱的气质，如图3-27所示。

步骤6　唇妆修饰

用唇刷蘸取橘粉色唇膏，薄涂在唇部。涂抹方向从唇部中间向唇线方向晕染，形成中间饱和、边缘柔和的效果。俏皮甜美风格新娘妆的唇部修饰不需要刻意强调唇形，柔和的唇线更能体现年轻的丰盈感，如图 3-28 所示。

图 3-27　腮红修饰　　　　　　　　图 3-28　唇妆修饰

步骤 7　整体造型

检查妆容整洁度，扫除面部浮粉；梳理发型，佩戴发饰，完成俏皮甜美风格的新娘造型，如图 3-29 所示。

图 3-29　俏皮甜美风格新娘造型效果

温婉甜美风格新娘化妆造型

顾客无妆正面照如图 3-30 所示，分析结果如下。

年轻女性，混合性肤质，皮肤紧实，无松弛现象。

脸形为圆形，中庭偏短、三庭均匀，五官比例良好，眼尾上扬，鼻梁不高。面部线条柔和，结构圆润。眉形略有高低，浓度不一。眼圈周围略发黄。

肤色白皙，头发、眉毛、瞳孔均为黑色，发际线整齐，额头高低适中。

图 3-30　顾客无妆正面照

操作准备

1. 对所有的工具进行全面消毒，并擦净工作台面，清理工位四周。准备垃圾桶、酒精棉、面巾纸等。

2. 准备化妆产品和工具，铺上桌垫。化妆笔提前清洁、晾干，整齐地插在笔筒内。按照使用顺序将物品整齐地布置在台面上。

3. 在妆前为顾客修干净眉部的杂毛，并做好面部清洁和保湿工作，保证皮肤处于良好状态。

操作步骤

步骤 1　涂抹隔离液和修眉

为顾客涂抹妆前隔离产品。顾客为混合性皮肤，两颊干燥，T 区易出油，因此采用水油均衡的液体隔离产品，将产品滴在顾客脸上，用双手涂抹均匀，如图 3-31 所示。

观察顾客面部，皮肤状态良好，眉部在一周前试妆时修饰过，总体干净、无杂毛。但经过一周的时间,眉毛下方长出一些较粗的毛茬,呈黑点状,需要稍做清理。操作时,在需要清理的位置涂抹少许乳液,用左手食指和中指固定住眉部皮肤,右手持小型刮眉刀轻轻将毛茬刮除,如图 3-32 所示。眉部的清爽、无瑕疵是妆容整洁的关键,需要谨慎对待。

图 3-31　涂抹隔离液

图 3-32　修眉

步骤 2　底妆修饰

(1)遮瑕。顾客肤色略不均匀,在眼部周围有偏黄的情况,主要集中在下眼睑近内眼角处,显疲态。用小笔刷蘸取少量暖黄色遮瑕膏,以轻点的手法均匀涂抹在眼周偏黄处,如图 3-33 所示,并用手指轻按,使遮瑕膏与皮肤贴合。眼部皮肤脆弱,遮瑕膏使用不可过量,可以采用少量多次的方法叠加上色,以免妆容显得厚重。

图 3-33　遮瑕

（2）粉底修饰。顾客的肤色为暖白色，可选用暖色一号粉底色。先挑取适量粉底置于透明调色板上，放在顾客脸旁进行比对，判断色彩适合度，然后上妆。用宽头粉底刷蘸取粉底液，顺着面部肌肉生长方向刷涂全脸，再用海绵粉扑按压，使粉底与皮肤贴合，如图 3-34 所示。

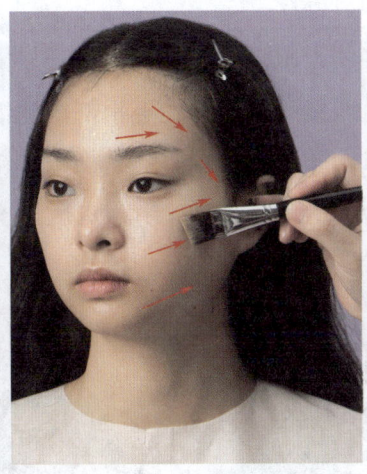

图 3-34　粉底修饰

（3）定妆。用中型粉刷蘸取质地细腻的透明蜜粉为顾客进行全脸定妆。操作时用粉应适量，刷涂须均匀，手法要轻柔，确保每个部位都能扫到。同时要注意服务细节，如在眼部定妆时须提醒顾客闭上眼睛，以免飞粉进入眼睛，在唇部皮肤脆弱部位须用绒面粉扑按压定妆，如图 3-35 所示。

图 3-35　定妆

步骤3　眼妆修饰

（1）眼影修饰。请顾客闭上眼睛，观察眼睑到眉毛的距离，判断眼影晕染范围。然后用眼影刷蘸取紫色眼影粉，以眼线为基准线，用平涂法进行上妆。笔刷从眼尾落笔，向内眼角刷涂，然后向上晕染，形成过渡自然、均匀的眼影色彩层次，如图3-36所示。操作时注意观察两侧眼影晕染的对称性。

（2）眼线修饰。请顾客闭上眼睛，放松眼皮。一只手将眼睑皮肤向上提拉固定，露出睫毛根部，另一只手持黑色眼线胶笔沿着睫毛根部内侧细心绘制内眼线，如图3-37所示。顾客睫毛较密，只能用黑色眼线胶笔绘制眼线。但由于顾客眼裂不宽，眼周脂肪饱满，因此眼线不能画得太粗、眼尾不要拉得太长，以免显得不自然。

图3-36　眼影修饰

图3-37　眼线修饰

（3）睫毛修饰。顾客眼周脂肪丰盈，睫毛短而浓密，用睫毛夹效果不佳，因此使用电热睫毛夹将睫毛根部烫卷，使其整体向上，如图3-38所示。

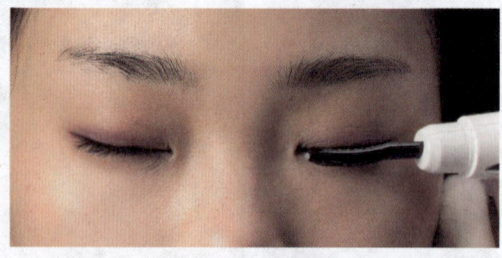
图3-38　烫睫毛

根据眼形特征单簇嫁接浓密型A形假睫毛。睫毛形态与"俏皮甜美风格新娘妆造型"采用的睫毛基本一致，区别在于浓密一些，簇状明显，与黑色的眼睛和浓郁的眼线效果匹配。操作时用弯头睫毛夹将假睫毛一簇簇粘贴在真上睫毛根部，顺序是从眼线中间开始粘贴，逐渐向后延展，最后根据整体效果补贴内眼角附近的睫毛；下睫毛选用与上睫毛匹配的单簇假下睫毛，以同样的方法一簇簇粘贴在下眼线处，如图 3-39 所示。

图 3-39　粘贴假睫毛

假睫毛粘贴完成之后，用睫毛膏将真假睫毛刷涂在一起，如图 3-40 所示。操作时必须注意，睫毛膏蘸取应适量，刷涂时不要产生结块和粘连，也不要沾到眼睑附近的皮肤上。

 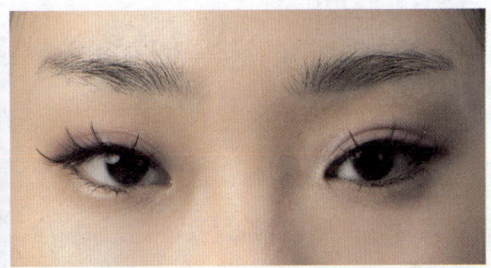

图 3-40　睫毛刷涂修饰

（4）眼部提亮。顾客眼周结构饱满，有天然的卧蚕结构，因此不需要特意用阴影色绘制卧蚕凹陷，只要在卧蚕隆起处提亮即可。为了增加眼部的明亮感和装饰性，选用带有微微珠光色泽的白色珠光笔，以点涂的方法在上眼睑近内眼角处、内眼角、下眼睑近内眼角 1/2 处进行提亮，如图 3-41 所示。需要注意的是，珠光笔既不是眼影也不是遮瑕膏，须适量使用，用得过多、颜色过白会显得不自然。

图 3-41　眼部提亮

步骤 4　眉妆修饰

顾客眉毛浓度适中，形状较细，适合各种眉形。考虑到顾客整体造型发色黑、发量多，因此眉毛不可太浅、太细，带有一定粗度的平眉更适合整体形象搭配。操作时选用与顾客发色、眼瞳色相近的深棕色眉笔，观察顾客眉毛原有的形状和浓度，再顺着眉毛的生长方向填充线条和色彩，塑造形状流畅、眉色均匀、眉尾清晰、两侧对称的眉毛，如图 3-42 所示。

图 3-42　眉妆修饰

步骤 5　唇妆修饰

用与肤色一致的遮瑕膏遮盖唇部边缘，去除原有的唇线色彩，并用蜜粉定妆。

顾客的下唇有轻微的左右不对称现象，在绘制唇线时可以适当调整。选择与眼妆匹配的豆沙紫色唇膏，用唇刷沿着顾客的唇线绘制自然的唇形，并均匀填涂全唇。上妆过程中可以请顾客轻轻抿唇均匀唇色，再叠加填涂，营造滋润、饱满的唇妆效果，如图 3-43 所示。

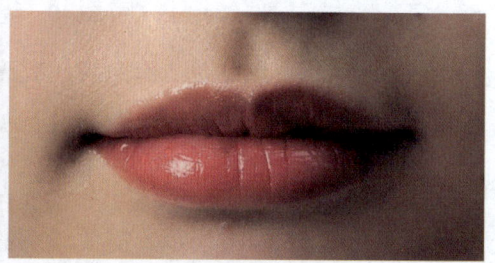

图 3-43　唇妆修饰

步骤 6　腮红修饰

顾客脸形圆润，可以尝试将粉红色腮红以圆形腮红上妆的方式刷涂在下眼睑外侧的颧骨上，塑造红润、丰满的面颊。同时，腮红上妆位置和色彩与紫色的眼影共同构成同类色对比，增加面部的纯度表现和妆容的趣味感。

用中型圆头腮红刷蘸取适量的粉色腮红，在手背上轻拍，使粉质分布均匀，然后在眼睛下方面颊上进行打圈晕染，形成自然的层次，如图 3-44 所示。

步骤7　整体造型

化妆完成后，检查妆容整洁度和精致度。将发型烫卷、盘起，塑造圆润的头形和甜美浪漫的鬓发，显得温婉且富有女人味，造型效果如图 3-45 所示。

图 3-44　腮红修饰

图 3-45　温婉甜美风格新娘造型效果

二、高贵风格新娘化妆造型

高贵风格的新娘妆通常非常注重细节，如眉毛的处理、眼部的眼影渐变、唇部的线条等，这些细节能够让妆容更加完美和精致，强调自然与典雅的结合，通过细致的技巧和精心的设计，使新娘在婚礼当天展现迷人和自信的状态。

高贵风格新娘化妆造型

顾客无妆正面照如图 3-46 所示，分析结果如下。

年轻女性，油性肤质，皮肤紧实，无松弛现象。

脸形为方圆形，中庭偏短、三庭均匀，五官较为开阔，鼻梁高度适中。面部轮廓明朗，眉毛浓郁，眼睛非常大。

中明度肤色，眼周、嘴角肤色偏黄，有轻微的法令纹和肤色暗沉现象。头发、眉毛、瞳孔均为黑色，发际线整齐，额头高低适中。

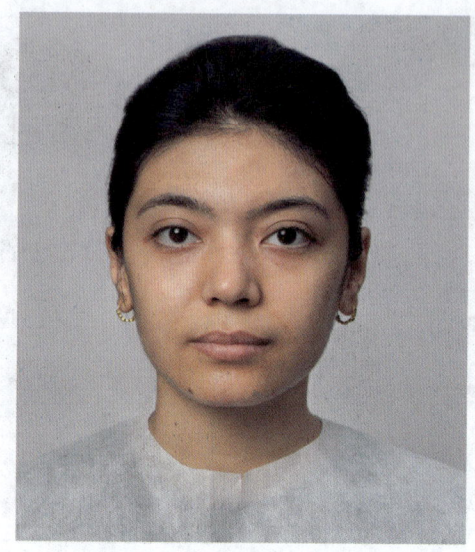

图 3-46　顾客无妆正面照

操作准备

1. 对所有的工具进行全面消毒，并擦净工作台面，清理工位四周。准备垃圾桶、酒精棉、面巾纸等。

2. 准备化妆产品和工具，铺上桌垫。化妆笔提前清洁、晾干，整齐地插在笔筒内。按照使用顺序将物品整齐地布置在台面上。

3. 在妆前为顾客修干净眉部的杂毛，并做好面部清洁和保湿工作，保证皮肤处于良好状态。

操作步骤

步骤 1　隔离和修颜

为顾客涂抹妆前隔离产品。顾客为油性皮肤，表面滋润，容易出油，不适合使用滋润型隔离产品。选用清爽型隔离液，取适量滴在顾客脸上，用双手涂抹均匀。由于顾客肤色略有暗沉和不均匀的情况，为了便于底妆修饰，需要用修颜液提亮肤色，改善暗沉。取适量紫色修颜霜点涂在暗沉区域，用手指涂抹均匀，修饰肤色偏黄的问题，如图 3-47 所示。修颜产品属于彩妆，需要在隔离后上妆。

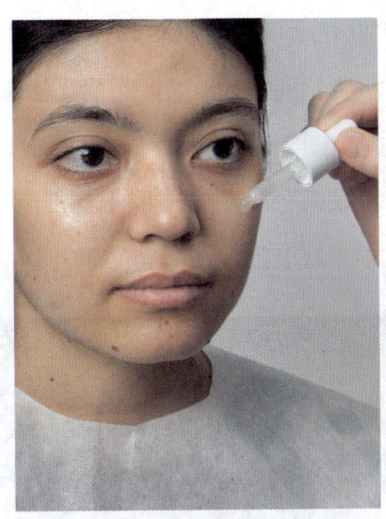 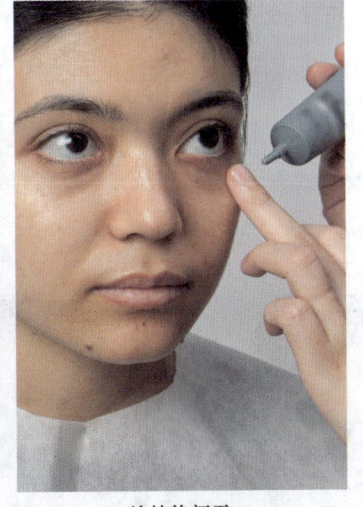

涂抹隔离液　　　　　　　　　涂抹修颜霜

图 3-47　隔离和修颜

步骤 2　底妆修饰

（1）遮瑕。顾客肤色整体暗沉，T 区和嘴角部位出油较多，有偏黄现象，下眼睑有比较明显的黑眼圈，因此选用中明度暖肤色遮瑕膏遮盖瑕疵。用遮瑕刷蘸取遮瑕膏，轻轻刷涂在需要修饰的部位，充分遮盖瑕疵，如图 3-48 所示，并用手指或海绵粉扑轻轻按压，使遮瑕膏与皮肤贴合。

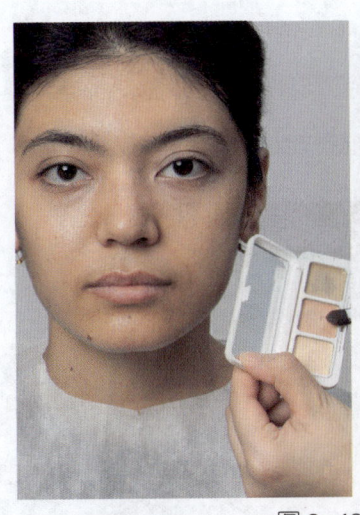 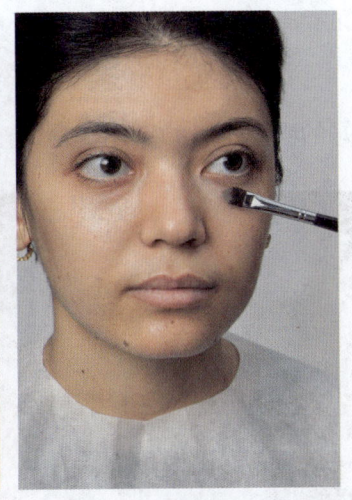

图 3-48　遮瑕

（2）粉底修饰。顾客肤色整体偏深偏黄，与亮白色粉底不兼容，偏黄的中明度粉底虽与其肤色接近，却不能改善其气色，也不利于之后的彩妆色彩表现。因此，取适量亮白色和中明度暖色粉底，置于透明调色板上，观察顾客肤色明度和色彩倾向后按比例进行调和。用圆形平头粉底刷充分蘸取调和后的粉底液，垂直置于面颊上，以打圈的手法进行大面积上妆，然后用海绵粉扑按压，使粉底液与皮肤贴合，如图 3-49 所示。顾客是油性皮肤，纹理粗、毛孔大，用圆形平头笔刷打圈上妆，可以使粉底充分吸附在皮肤上、浸润毛孔，起到隐藏毛孔、持久妆容的目的。油性肌肤不易持妆，须多层上妆，每次上妆都应轻薄，不可过厚。

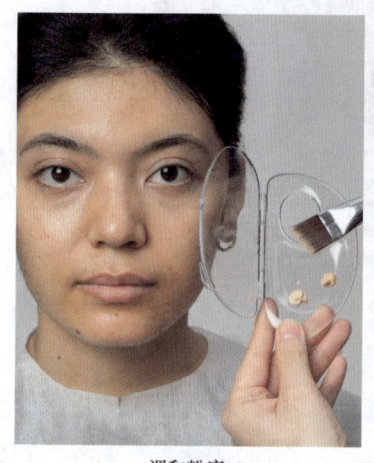
调和粉底
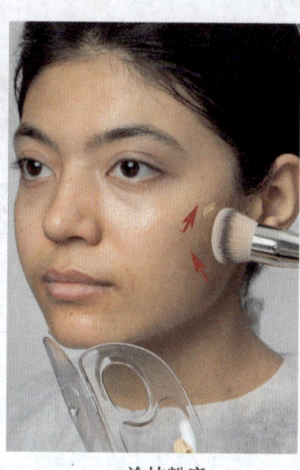
涂抹粉底

按压贴合

图 3-49　粉底修饰

（3）定妆。底妆完成后，先用定妆喷雾定妆，定妆液比散粉的防油防汗能力更强，更能满足油性皮肤的持妆需求；再用绒面粉扑蘸取透明蜜粉按压顾客面部，进行全脸定妆，如图 3-50 所示。一方面，为底妆做"双保险"定妆，让皮肤表面呈现亚光状态；另一方面，蜜粉具有更好的吸附性，敷一层薄薄的蜜粉能让之后的彩妆更贴合、自然。

图 3-50　定妆

步骤 3　眉妆修饰

顾客眼睛很大，眉毛浓密、粗黑，无论什么样的眉形，若用黑灰色眉笔描绘都会显得过于浓重，但又与偏浅的棕色系眉笔不协调，因此需要在画眉前调整眉色。选用奶茶棕染眉膏，旋开刷头，用自带的螺旋刷蘸取适量膏体，顺着眉毛生长方向刷染在眉毛上。操作时注意膏体使用须适量，不可沾染到眉毛下方的皮肤上，两侧眉毛染色浓度须保持一致。染色完成后，用浅棕色眉笔绘制流畅的眉形线条，并在眉毛色彩分布不均的区域模仿眉毛生长规律进行补色。修饰后的眉毛色彩衔接自然，眉形对称、完整，与肤色对比弱，眉形清晰，如图 3-51 所示。

染眉　　　　　　　　　　　　　绘制眉形线条

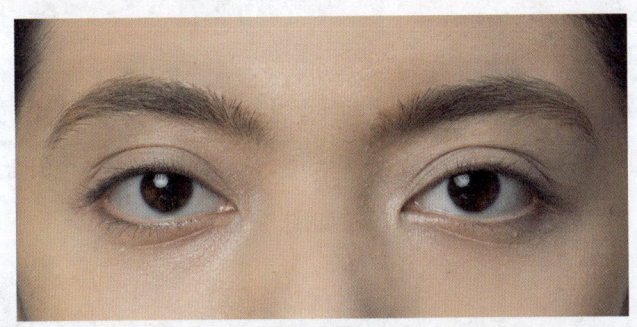

修饰效果

图 3-51　眉妆修饰

步骤 4　眼妆修饰

（1）眼影修饰。顾客眉眼距离开阔，眼睛很大，因此不能使用浓重的眼影色强化眼睛量感，而应采用浅色眼影保持眼部明度，渲染眼部色调和质感。

请顾客闭上眼睛，用刷子蘸取浅豆沙粉色眼影粉，在眼尾凹陷结构部位落笔，向前轻轻晕染，涂满整个上眼睑；然后在眼睑中央凸起处用浅粉珠光色眼影罩一层浅粉珠光色，形成晶莹、清透的色彩层次，如图 3-52 所示。

图 3-52　眼影修饰

（2）睫毛修饰。将顾客的上眼睑向上轻推，用睫毛夹从根部夹翘睫毛；然后，用清爽型睫毛膏将顾客上下眼睑的原生睫毛刷得根根分明、卷翘定型，如图 3-53 所示。

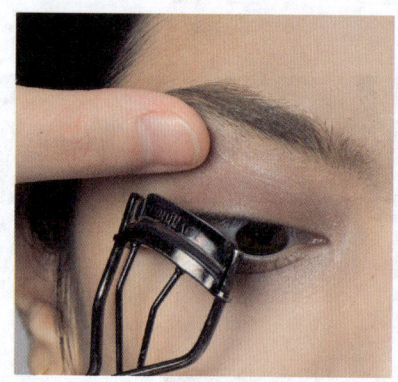 

图 3-53　卷翘睫毛

根据顾客眼形特征单簇嫁接清爽型假睫毛，这种睫毛模仿真睫毛的生长规律，三根一簇，一长两短，长度、密度适中，没有交叉。用弯头睫毛夹从眼尾开始，将假睫毛一簇簇粘贴在真睫毛根部，形成自然的睫毛形态，如图 3-54 所示。

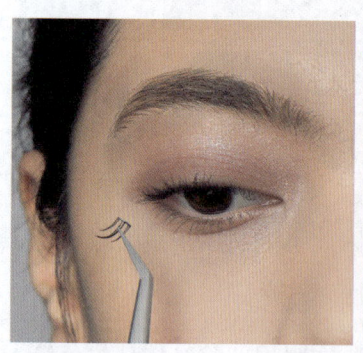 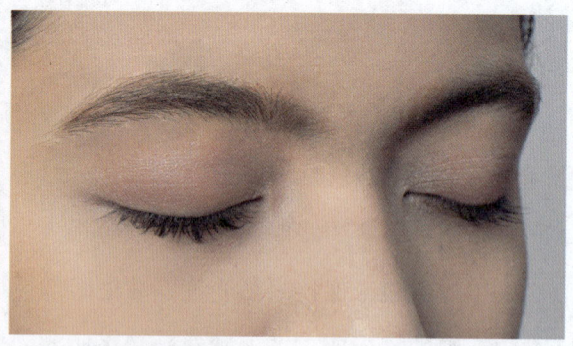

图 3-54　粘贴假睫毛

（3）眼线和高光修饰。请顾客垂下眼睑，放松眼皮。用手指将顾客外眼角皮肤轻轻向上提起并固定，用深棕色眼线液笔填充睫毛之间的空隙，绘制流畅的眼线。眼线尾部略粗，向上提起收细，形成有力量感的猫眼眼线。两侧眼线对称。

顾客眼睛很大，不必用阴影绘制卧蚕增加眼部量感，只需用少量高光对卧蚕凸起结构略进行提亮即可。用小笔刷蘸取高光眼影粉，绘制下眼睑的高光。从内眼角开始，轻轻点涂，到下眼睑中部为止。高光笔触须细腻，与肤色的对比应自然，不要过于亮白。

眼线和高光修饰如图 3-55 所示。

画眼线　　　　　　　　　　　　　高光提亮下眼睑

图 3-55　眼线和高光修饰

步骤 5　面部提亮和腮红修饰

在进行腮红修饰之前，须对顾客面部中间的结构进行提亮处理，提升明度，才能更好地表现腮红的粉嫩色彩，与白色婚纱相配。用粉刷蘸取粉底液或遮盖力较好的修容粉，在眉间印堂、鼻梁、鼻头、人中、下巴中央、内眼角和眼睛下方粉底的面颊、眼尾下方、眉骨处进行提亮并定妆，营造柔和、亮白、立体的结构效果，如图 3-56 所示。

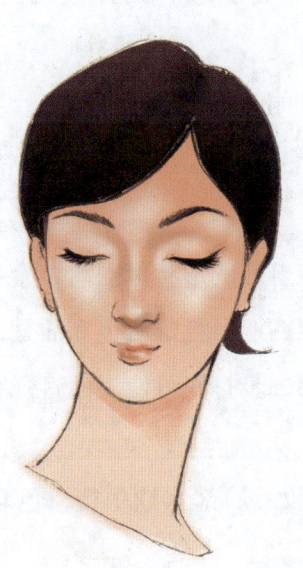

图 3-56　面部提亮

高贵风格新娘妆的腮红一般斜刷在"耳前—嘴角"的斜线上，与下颌线平行，以紧致轮廓，强化颧骨、下颌、眼尾结构的向上趋势，从而表现高贵气质。操作时用斜头中型腮红刷蘸取适量的橘粉色腮红，斜刷在颧弓转折处，塑造线条感明显、结构立体的效果，如图 3-57 所示。

图 3-57　腮红修饰

步骤 6　唇妆修饰

顾客唇部原有的结构较明显，唇纹较深，不易持妆，因此须用二步打底法修饰唇妆。

先做第一步打底，重构唇形。用与肤色一致的粉底液为唇部打底，去除原有的唇色，并用蜜粉定妆。用裸色唇线笔勾勒唇线、填充唇色，塑造上下均匀、左右对称、线条流畅、形状饱满的新唇形。

然后用笔刷蘸取滋润的橘粉色唇膏，在第一步打底的形状范围内填涂上妆。涂完第一层后请顾客轻抿纸巾，去除表面油脂。此操作重复两遍。稳定唇色和油分，做好第二步打底。在婚礼过程中，唇部会有不同程度的脱妆，第二步打底可使表面唇膏脱妆后，唇部不至于斑驳，唇形底色不易消失，以便于补妆。

最后，用笔刷蘸取亚光砖红色唇膏上妆。上妆后唇部水油平衡，色彩自然，显得饱满、滋润。

唇妆修饰如图 3-58 所示。

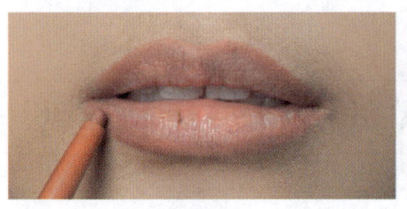
勾勒唇线

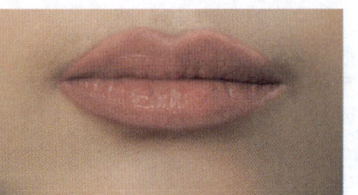
重塑唇形

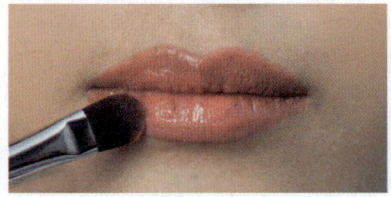
唇膏打底

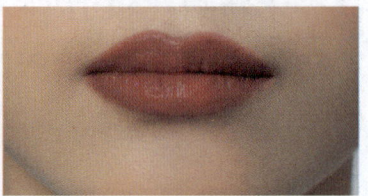
唇膏上色

图 3-58 唇妆修饰

步骤 7 整体造型

化妆完成后，检查妆容整洁度和精致度，扫除表面浮粉，妆容效果如图 3-59 所示。

将头发中分、烫卷，塑造饱满的刘海和优美的鬓发。后区的头发在头顶绾一个对称、饱满、光滑的发髻，戴上皇冠，欧式宫廷高贵风格新娘造型完成，如图 3-60 所示。

图 3-59 高贵风格新娘妆容效果

图 3-60 高贵风格新娘造型效果

培训单元3　中式风格新娘化妆造型

一、中式秀禾新娘化妆造型

中式秀禾新娘妆通过其独特的文化背景和审美特点，呈现典雅、含蓄且具有深厚文化内涵的美感，是中国传统婚礼中非常受欢迎的一种妆容风格。

中式秀禾新娘化妆造型

顾客无妆正面照如图3-61所示，分析结果如下。

年轻女性，混合性偏干肤质，皮肤紧实，脸颊丰满。

脸形为椭圆形，三庭均匀，鼻梁偏低，左右眼眉略有高低。面部轮廓圆润，眼睛大而有神。眼周有黑眼圈，并伴有轻微的泪沟和法令纹。

肤色白皙，头发、眉毛、瞳孔均为黑色，发际线整齐，额头高低适中。

操作准备

1. 对所有的工具进行全面消毒，并擦净工作台面，清理工位四周。准备垃圾桶、酒精棉、面巾纸等。

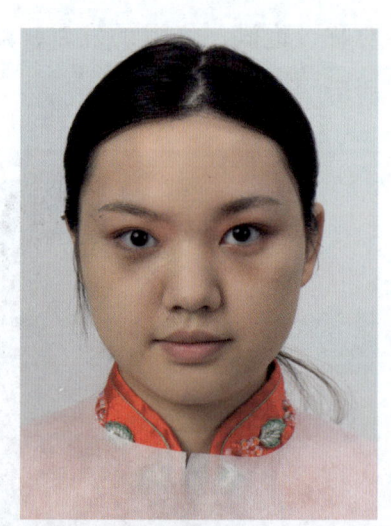

图3-61　顾客无妆正面照

2. 准备化妆产品和工具，铺上桌垫。化妆笔提前清洁、晾干，整齐地插在笔筒内。按照使用顺序将物品整齐地布置在台面上。

3. 在妆前为顾客修干净眉部的杂毛，并做好面部清洁和保湿工作，保证皮肤处于良好状态。

操作步骤

步骤 1　隔离和修颜

顾客为混合性偏干肤质，须使用水油均衡的隔离产品、质地滋润的修颜产品。

选用滋润型隔离液，取适量滴在顾客脸上，用双手涂抹均匀；选用提亮型修颜霜，点涂在顾客面部，用笔刷刷匀后，用海绵扑按压贴合，如图 3-62 所示。

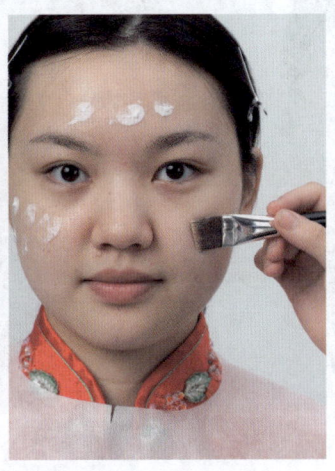

图 3-62　隔离和修颜

步骤 2　底妆修饰

（1）遮瑕。顾客肤色白皙，面颊丰满，有少量黑眼圈和泪沟，只需选用与其肤色接近的遮瑕膏遮盖瑕疵。用遮瑕刷蘸取少量遮瑕膏，薄薄刷涂在黑眼圈和泪沟的位置，如图 3-63 所示，然后用手指按压贴合。眼部皮肤脆弱，须少量多次上妆，充分遮盖瑕疵。

图 3-63　遮瑕

（2）粉底修饰。在自然光线下观察顾客肤色明度和色彩倾向，判断其肤色适合采用暖1号粉底霜。取适量粉底霜置于透明调色板上，用平头粉底刷充分蘸取粉底霜，大面积刷涂在面部各个区域，然后用海绵粉扑轻轻拍打、按压，使粉底霜与皮肤贴合，如图3-64所示。操作时注意内眼角、鼻侧、嘴角等细微转折部位须充分上妆，不可浮粉、卡粉、斑驳。

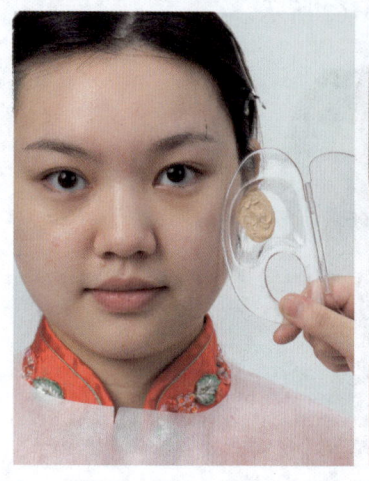  

图 3-64　粉底修饰

（3）定妆。用绒面粉扑蘸取透明蜜粉按压顾客面部，如图3-65所示，进行全脸定妆，使皮肤表面干爽，呈现亚光状态。

步骤 3　眼妆修饰

（1）眼影修饰。顾客眼周脂肪丰厚，结构立体，不宜使用太深、太暖的眼影色修饰，应采用高明度、冷暖适中的眼影塑造眼部色彩和结构。请顾客闭上眼睛，选用浅棕灰色亚光眼影粉，用刷子在眼尾处落笔，顺着眼线方向做水平晕染，形成下深上浅的色彩层次。刷涂位置和上妆效果如图3-66所示。

图 3-65　定妆

（2）眼线修饰。请顾客垂下眼睑，用手指轻轻提起上眼睑皮肤，用黑色眼线液笔从内眼角开始，沿着睫毛的内侧绘制流畅的眼线。眼线整体纤细，在外眼角处略粗，向上微微扬起并收细，如图3-67所示。操作时应注意两侧眼线的对称性。

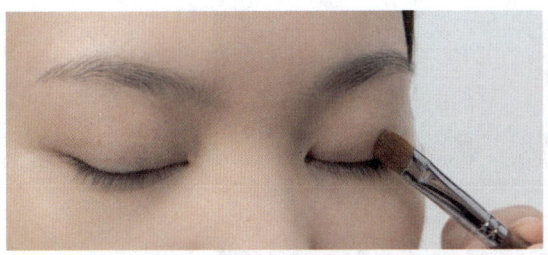
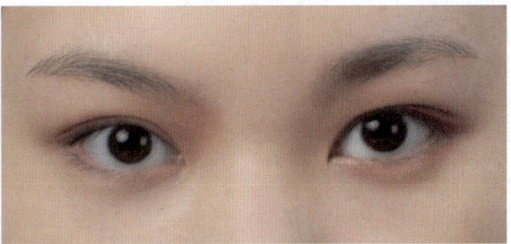

图 3-66　眼影修饰

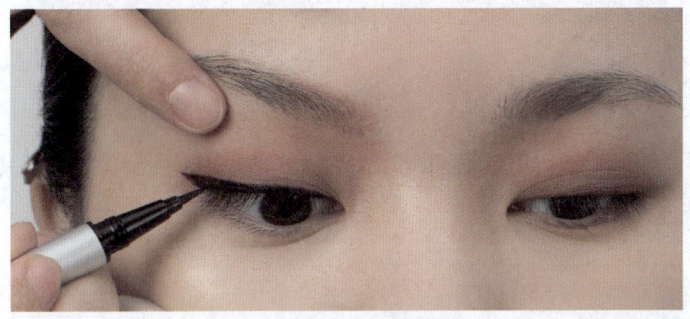

图 3-67　眼线修饰

（3）睫毛修饰。请顾客闭上眼睛，轻轻向上推起上眼睑，用睫毛夹夹翘睫毛；然后用清爽型睫毛膏的小刷头将顾客上下眼睑的原生睫毛刷得根根分明、卷翘定型，如图 3-68 所示。

图 3-68　睫毛修饰

（4）高光和双眼皮修饰。顾客眼部本来就有卧蚕结构，只需用高光笔提亮下眼睑内眼角睫毛根部到中央最凸起部位即可。操作时，用小粉刷蘸取少量高光色，以笔尖侧锋轻轻点涂、横扫卧蚕凸起部位，强调卧蚕结构，如图 3-69 所示。高光色与皮肤质感结合良好，能恰到好处地表现内眼角的轮廓。

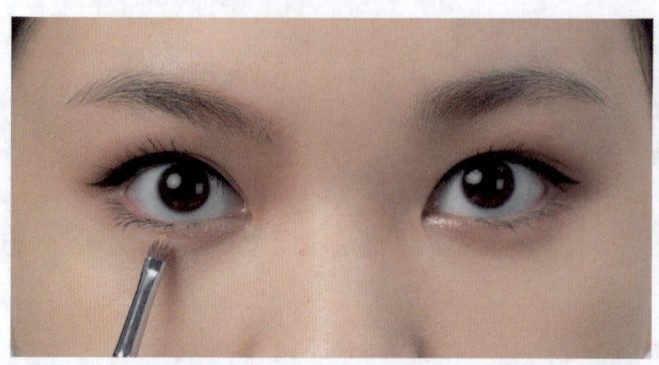

图 3-69 高光修饰

网状蕾丝美目贴又称隐形美目贴，妆效良好且持久无痕，适合在眼影上妆后使用。用弯头睫毛镊夹取网状蕾丝美目贴，用水喷湿背面，粘贴在上眼睑的双眼皮结构线上，拓宽双眼皮宽度，调整左右眼的大小、高低，使其对称，如图 3-70 所示。

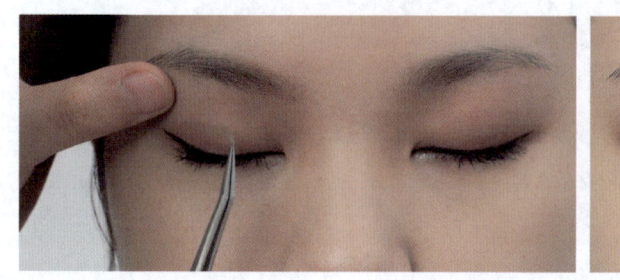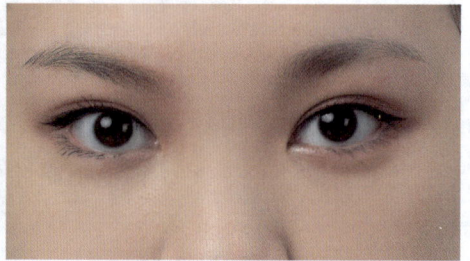

图 3-70 双眼皮修饰

步骤 4 眉妆修饰

操作时应注意两边眉毛的对称性，顾客的原生眉毛略有高低，可通过眉形绘制调整，使其高低一致。取一支黑灰色眉笔，削扁笔尖，顺着眉毛的生长方向从眉头至眉尾绘制线条流畅的眉形、填补眉色；修饰后的眉毛修长、上扬，眉色均匀，边缘清晰，与眼妆关系和谐，显得十分清秀，如图 3-71 所示。

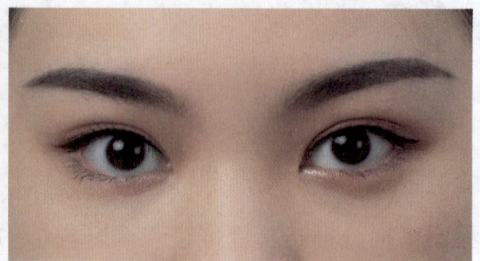

图 3-71 眉妆修饰

步骤 5　唇妆修饰

顾客原来的唇形偏厚，上唇曲线幅度略大，显翘，不够娟秀，需要用唇妆修饰重塑唇形。

先用与肤色同色的粉底液遮盖唇部边缘，去除原有的唇色，并用蜜粉定妆，如果唇部表面太干，可以涂一层润唇膏；然后用扁头唇刷蘸取朱砂色亚光唇膏，在上下唇的两侧嘴角落笔，向中间部位绘制唇线，上唇线条被拉直，原来的唇峰形状被虚化，形成娟秀的扁平状，搭配下唇线，形成带有微笑感的新唇形，如图 3-72 所示。

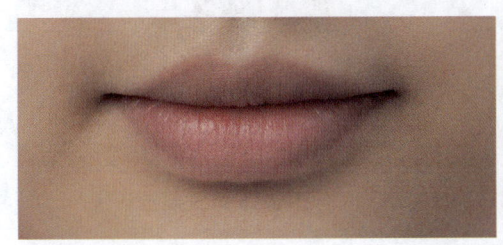 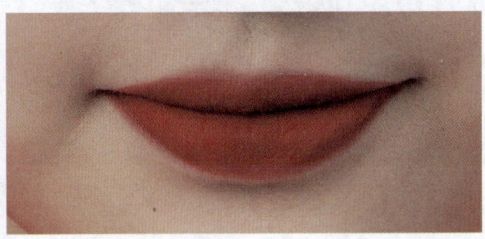

图 3-72　唇妆修饰

勾唇线时落笔要细，可以用刷头侧锋勾线，填涂唇色时采用竖向填涂方式，将扁刷头平置于唇上，纵向填涂，确保色彩晕染均匀，不显唇纹。

步骤 6　腮红修饰

中式风格新娘妆的腮红形状不明显，与眼影有一定的衔接性，一般刷涂在眼尾的颧骨转折面上方。用小型腮红刷蘸取橘粉色腮红粉，在手背上轻轻拍匀，以短线条刷涂的方式晕染在眼尾颧骨处。腮红修饰范围和用笔方向如图 3-73 所示。

步骤 7　整体造型

化妆完成后，检查妆容的对称性、整洁度和精致度，扫除表面浮粉。妆容效果如图 3-74 所示。

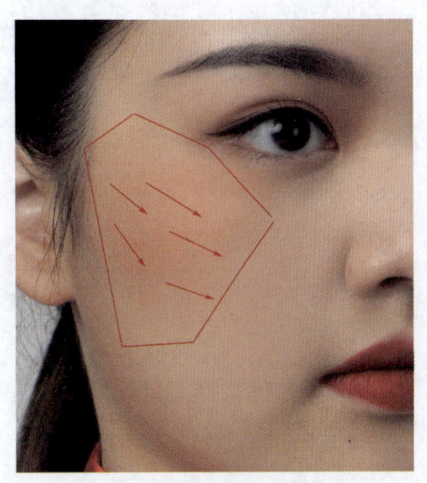

图 3-73　腮红修饰

将头发斜分，向上包裹饱满的高颅顶，在脑后绾成丰满、灵动的花苞形发髻，佩戴绢花。用大号卷发棒塑造两侧鬓角碎发弧度，与娟秀的双眉呼应。中式秀禾新娘化妆造型完成，如图 3-75 所示。

图 3-74　中式秀禾新娘妆容效果　　　　图 3-75　中式秀禾新娘造型效果

二、新中式国风新娘化妆造型

新中式国风新娘妆融合了传统的中式元素，如古典的眉形、唇形和眼妆，同时加入了现代的化妆技术和流行元素，使妆容既具有传统的韵味，又不失现代时尚感。

新中式国风新娘化妆造型

顾客无妆正面照如图 3-76 所示，分析结果如下。

年轻女性，混合性偏油肤质，皮肤紧实，无松弛现象。

脸形为圆形，三庭均匀，鼻梁高度适中。面部轮廓明朗，下眼睑泪沟部分略凸起，有少许青黑现象。

肤色偏白，面部中央 T 区、下巴部分偏油，毛孔相对粗大，两颊偏干。头发、瞳孔均为黑色，眉部有染眉痕迹，发际线整齐，额头偏高。

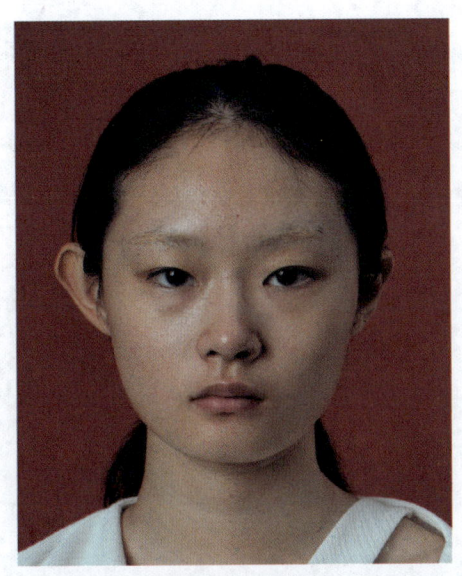

图 3-76 顾客无妆正面照

操作准备

1. 对所有的工具进行全面消毒,并擦净工作台面,清理工位四周。准备垃圾桶、酒精棉、面巾纸等。

2. 准备化妆产品和工具,铺上桌垫。化妆笔提前清洁、晾干,整齐地插在笔筒内。按照使用顺序将物品整齐地布置在台面上。

3. 在妆前为顾客修干净眉部的杂毛,并做好面部清洁和保湿工作,保证皮肤处于良好状态。

操作步骤

步骤 1　涂抹隔离

顾客为混合性偏油皮肤,T 区容易出油,毛孔粗大,需要用均衡性隔离液调整两颊和 T 区的水油平衡。取适量隔离液滴在顾客脸上,如图 3-77 所示,用双手涂抹均匀。

步骤 2　底妆修饰

(1)遮瑕。顾客的肤色暗沉主要集中在下眼睑泪沟处,略显青黑,应选用土黄色遮瑕膏遮盖,才能上妆不显暗沉。用遮瑕刷蘸取土黄色遮瑕膏,观察黑眼圈分布位置,轻轻刷涂在泪沟区域,如图 3-78 所示,并用手指轻轻按压,使遮瑕膏贴合皮肤,充分遮盖瑕疵。

图3-77 涂抹隔离　　　　　　图3-78 遮瑕

（2）粉底修饰。在自然光线下观察顾客肤色，选用暖1号粉底霜，取适量粉底霜置于透明调色板上，放在顾客脸旁比对确认。用平头粉底刷蘸取粉底霜，以刷涂的手法进行大面积上妆，然后用海绵粉扑顺着面部肌肉走向轻推、按压，使粉底霜与皮肤充分贴合，如图3-79所示。在T区出油部位须多层上妆，确保妆容持久。

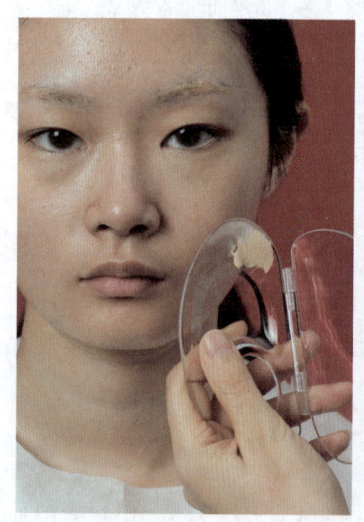 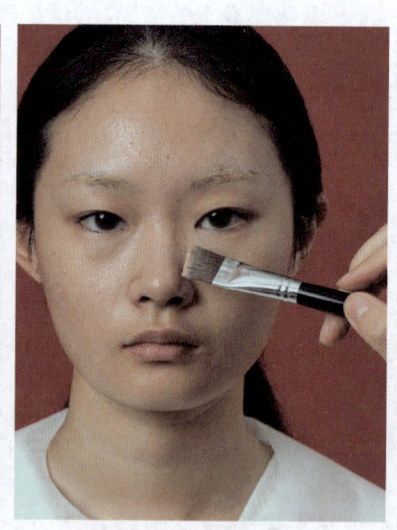 

图3-79 粉底修饰

（3）定妆。底妆完成后，用大粉刷蘸取透明散粉以点、扫手法进行全脸定妆，让皮肤表面呈现亚光状态，如图3-80所示。

步骤 3　眼妆修饰

（1）夹翘睫毛。请顾客眼睑下垂、放松，用睫毛夹将顾客原生睫毛从根部夹翘，如图 3-81 所示。

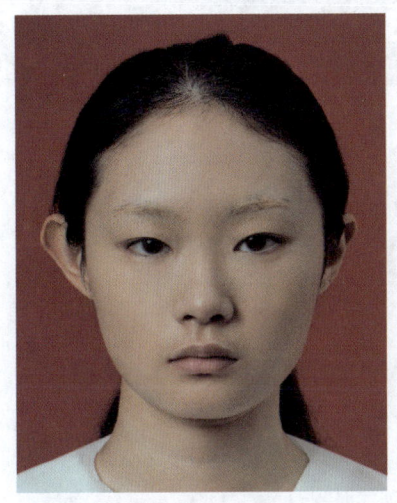

图 3-80　定妆

图 3-81　夹翘睫毛

（2）绘制眼线。请顾客垂下眼睑，用手指轻轻提起外眼角皮肤，用黑色眼线胶笔绘制流畅的眼线。顾客眼皮内双、眼睛较小，可以绘制夸张的粗眼线。如图 3-82 所示，眼线从内眼角开始，向外眼角方向逐渐增粗，向上扬起，眼线面积几乎包含了内双眼皮的伸缩空间，富有装饰性和力量感。操作时须注意眼线边缘的清晰度，并用黑色眼影定妆，以免晕妆。

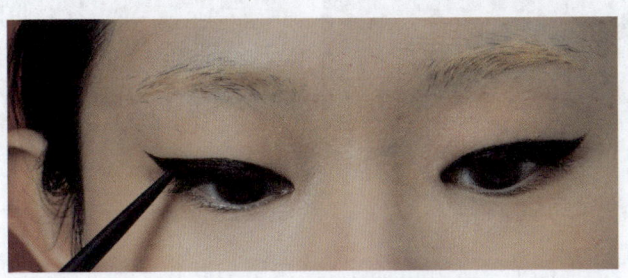

图 3-82　绘制眼线

（3）睫毛修饰。根据顾客眼形嫁接直线形单簇假睫毛。用弯头睫毛镊夹取睫毛，从眼尾部分开始，将假睫毛粘贴在真睫毛根部；然后旋开清爽型黑色睫毛膏，用刷头蘸取适量睫毛膏，从睫毛根部开始，将上眼睑的真假睫毛一起刷涂，使其融合自然。睫毛修饰过程及其修饰效果如图 3-83 所示。

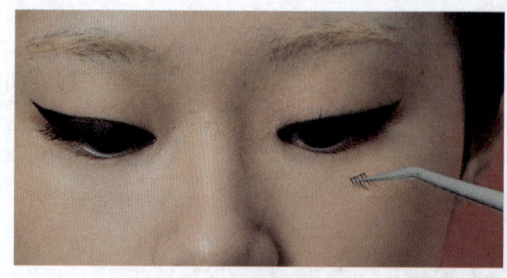

粘贴假睫毛　　　　　　　　　刷匀真假睫毛

修饰效果

图 3-83　睫毛修饰

步骤 4　眉妆修饰

顾客眉眼间距开阔，可以绘制与眼线匹配的粗眉。如图 3-84 所示，采用黑色眉笔绘制流畅的眉形，并填涂、刷匀眉色，形成眉头虚、眉尾实，粗细有致、曲直适中的眉妆。

图 3-84　眉妆修饰

步骤 5　唇妆修饰

顾客原唇形小巧，但略有不对称的情况。先用与肤色一致的粉底遮盖唇部边缘，去除原有的唇色，并用蜜粉定妆；再用唇刷蘸取豆沙紫色唇膏，在唇部的两侧绘制唇线，矫正原来两边嘴角高低不一的情况，使唇形端正，并填涂完整，用笔刷蘸取梅子红色唇膏，沿着豆沙紫色唇形框架填涂上妆，上妆后唇部水油平衡，与底色对比强烈，显得唇形清晰、饱满滋润，如图 3-85 所示。

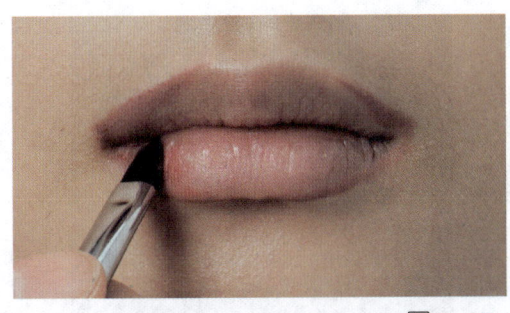 

图 3-85　唇妆修饰

步骤 6　腮红修饰

用斜头腮红刷蘸取适量橘棕色腮红，在手背上调和均匀，扫在"颧弓—嘴角"的连线上。上妆方式与"高贵风格新娘妆"相同，刷涂方向如图 3-86 所示的箭头方向。注意两侧腮红的位置、面积、浓度均应对称。

图 3-86　腮红修饰

步骤 7　整体造型

化妆完成后，检查妆容整洁度、精致度，以及五官的对称度。妆容效果如图 3-87 所示，面部轮廓紧致，五官清晰，线条和用色富有妆饰性，具有中西合璧的复古感。

将头发三七分，用卷发筒烫成立体的波纹卷发，并在枕骨下方绾一个优雅的扁髻，戴上饰有白色蕾丝绢花的头纱，搭配纱质 V 领蕾丝婚纱，中西合璧的新中式国风新娘造型完成，如图 3-88 所示。

图3-87　新中式国风新娘妆容效果

图3-88　新中式国风新娘造型效果

职业模块 4 发型设计与造型

内容结构图

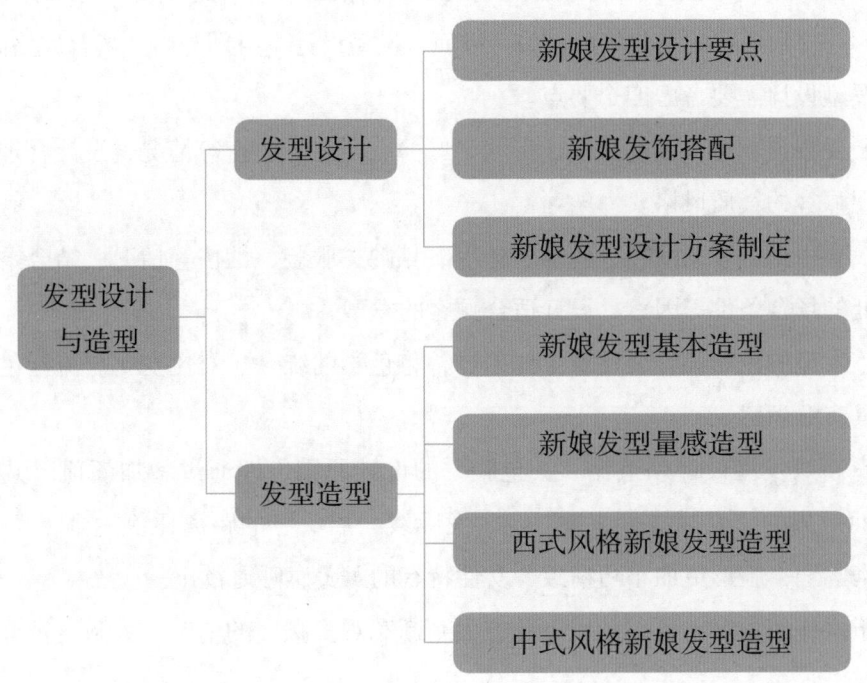

- 发型设计与造型
  - 发型设计
    - 新娘发型设计要点
    - 新娘发饰搭配
    - 新娘发型设计方案制定
  - 发型造型
    - 新娘发型基本造型
    - 新娘发型量感造型
    - 西式风格新娘发型造型
    - 中式风格新娘发型造型

培训项目 1

发型设计

培训单元1　新娘发型设计要点

一、新娘发型与自身形象的匹配

新娘发型唯美动人、风格各异，是整体造型中的核心因素。设计"对"的发型，能使新娘的形象焕然一新，显得更加美丽且富有个性，达到艺术和技术的极佳融合。

"对"的发型要求发型设计与顾客的气质和体貌相配。一方面，发型设计须与顾客个人情况匹配，并得到顾客的充分认可；另一方面，发型设计本身须与婚礼场合风格高度融合。

新娘发型设计需要考虑四个要点。

第一，要根据顾客头发的长短、形状、厚薄、质感、曲直等情况，设计合理、美观的样式，展现顾客的气质风格。

第二，要根据顾客的肤色、脸形、体形、年龄、服装、性格等情况，结合婚礼举办的季节和所处的场合条件等因素，设计适合顾客的发型。

第三，发型的色彩设计要注意个体差异，将色彩的统一、对比变化与流行色的运用完美结合，具有时尚感。

第四，新娘发型设计须遵循"头包脸"的设计原则，即通过增加颅顶区域的头发体积，使正面效果的"发际线—头顶"与"发际线—眉头"的距离比例达到1∶1，显得头形更加饱满圆润、脸形更加小巧精致，女性特有的柔美感呼之欲出。

从便于操作的角度，可以从以下几方面判断和观察顾客的情况，为制定发型方案做好准备。

1. 与新娘气质搭配

有形的发型是无形的气质的外化表现，新娘的气质源于其性格、年龄、受教育程度等多种因素，这些因素也决定了新娘对婚礼发型的需求。在前期咨询服务过程中，形象设计师对新娘的气质产生初步的认知，如娴静或浪漫、冷艳或热烈、可爱或端庄等，由此产生发型设计风格定位，成为发型款式、装饰等细节设计的基础。

新娘气质与发型的搭配见表 4-1。

表 4-1 新娘气质与发型的搭配

气质分类	婚礼整体造型特点	发型搭配	注意要点
简约时尚	整体造型简约、利落，以直线为主要造型元素，服饰和妆容的色彩均高度统一，没有冗杂的装饰元素。礼服以缎面款式为主	短发以短碎发、短直发为主，注重发际线处的线条设计，顶部略吹蓬、吹高 长发以线条简约的盘束发、低发髻、中位发髻为主，发丝整洁	须处理好发型的纹理细节，发丝轮廓以直线或微曲线表现，纹理清晰，线条流畅，发尾整齐
温婉恬静	整体造型精致内敛、温柔雅致，以流畅的曲直线为主要造型元素，服饰和妆容的色彩以白色和高明度粉色系为主，装饰精美。礼服以轻薄、细腻的蕾丝款式为主	发型以中长发、长发为主，轮廓线条适合微C卷度，采用编发、盘发、束发技法制作浪漫波浪卷半披发、大弧度抽丝纹理的编盘发等	发型的主体部分以置于后发区下方为宜，不宜过高 前发区发型线条简约，纹理优美，重心向上，具有轻盈感。不适合留大体积刘海
可爱俏皮	整体造型灵动跳跃，给人甜美、活泼、减龄的感觉。以层次丰富的曲线为主要造型元素，服饰和妆容的色彩以高明度粉色系为主，装饰丰富、蓬松。礼服以多层纱质款式为主	发型以S形线条为主要设计元素，俏皮短发、蓬松丸子头、松散羊毛卷、高马尾卷发等具有较强动感和甜美感的发型都适合	发型外轮廓设计要考虑顾客体形情况，保证头部大小与体形协调
华丽成熟	整体造型精致大气、轮廓分明，彰显女性独立成熟的美。以流畅简约的曲线为主要造型元素，服饰和妆容塑造注重结构和线条的清晰、明朗，使用浓郁的珍珠白和华贵的高纯度色彩，装饰简约大气。礼服以廓形简约的缎面褶皱款式为主	发型轮廓注重流畅的曲线塑造，高耸的包发、盘发、整洁、柔美的大波浪等都很适合。发型内轮廓设计考究，善于用刘海修饰脸形	内外轮廓和发丝纹理的线条处理应流畅顺滑、清晰自然，不能毛糙

续表

气质分类	婚礼整体造型特点	发型搭配	注意要点
摩登复古	整体造型风格将20世纪20年代至50年代的形象与现代审美相结合，显得经典、优雅、唯美。服饰和妆容均十分精致，色彩明快，造型优雅。礼服以绸缎和蕾丝结合的直身裙、伞裙、鱼尾裙为主，可缀有流苏装饰	发型可以采用高盘发搭配手推波纹、维多利亚上卷搭配过耳卷发，以及线条分明的大波浪卷发等经典造型款式	发型结构和体积须根据顾客的体形、脸形进行调整和设计，需要具有一定的创新性
中式古典	整体造型风格典雅、唯美、利落。服饰和妆容均十分精致，采用高纯度的色彩，富有中式传统风格。礼服以旗袍、龙凤褂、秀禾服等为主，刺绣精美	发型线条流畅、轮廓清晰，综合运用盘、编、束等技巧于发后区中、高、低位置制作圆形、椭圆形、菱形、S形、8字形的各类发髻。注重内轮廓线修饰，善用刘海发丝的形状和线条修饰脸形	发型须与婚服款式对应的时代匹配

2. 与顾客体形搭配

在现代婚礼形象设计中，服饰对于女性体形美的修饰作用不言而喻，能弥补身材缺点，展现优点，塑造修长优美、凹凸有致的理想身形。新娘发型设计的款式、大小、重心等要素均须配合礼服修饰后的体形情况，塑造挺拔、丰盈的形象。

在现代新娘形象设计审美架构中，头部与身体的比例十分重要，若头部比例太大，则会造成失衡、影响美观。最理想的头身比例为1∶8，舒适性比例为1∶7或1∶7.5。然而，现实生活中普通人的身高和头身比例并不能达到最佳状态，体形也各不相同，形象设计师需要根据新娘的体形制定发型设计方案。

新娘发型与体形的搭配见表4-2。

表4-2 新娘发型与体形的搭配

身材类型	身材特点	发型设计	注意事项
高瘦型	头部偏小、偏长，颈部细长；肩部稍窄，胸部单薄；身材高，垂直的直线元素很多；体量感小，显得瘦削	适合用卷发技法制作蓬松的大量感长发造型，如长卷发、羊毛卷，蓬松低马尾等，也可以采用盘束发技法制作后发区饱满、圆润的盘发造型。如需直发造型，则应结合发质、发量综合判断，发尾处理须采取低层次修剪方式，增加量感	头发不宜过短，不宜扎束太紧，不宜打薄

续表

身材类型	身材特点	发型设计	注意事项
娇小型	腿部、臂部、肩部、胸部厚度等均因身材比例而偏短小，体量感小，显得玲珑可爱	应注重头部挺拔感的塑造，避免重心向下，高马尾、高盘发、短发、丸子头、重心向上的包发等都是不错的选择	不适合粗犷、蓬松的发型，应避免头部显得过大而引起头重脚轻感
高大丰满型	头、颈部比例适中，丰满圆润，曲线元素多，具有一定厚度，体量感大	适合采用线条流畅、纹理精致、饱满圆润的发式，如位置适中的马尾、整齐的古典大波浪和长卷发、层次丰富的编盘发等，旨在体现精致感和亲和力	不适合体量过大、过于强调结构的发型，也不适合廓形为横向格局的发型
矮胖型	头部显大，颈部较短，丰满圆润，敦实粗壮，体量感较大	适合采用重心向上的发型设计，以增加身体高度，在视觉上拉长颈部比例，如高盘发、后区蓬松的短发、高马尾等	应避免将头发烫得过于蓬松，导致头发重心向下或呈横向发展态势

3. 与顾客脸形搭配

新娘发型由内、外轮廓构成。外轮廓是头部最外侧的线条，与头形关系密切，包括正面、侧面和后部；内轮廓是与脸形相关的发际线、鬓角线，与妆容关系密切，突显脸部形状和五官特点。新娘发型设计须兼顾内、外轮廓的修饰，巧妙掩盖头面部的不足，展现理想的头形和脸形。

新娘发型与脸形的搭配见表 4-3。

表 4-3 新娘发型与脸形的搭配

脸形	发型设计	效果
椭圆形脸	椭圆形脸上下均衡，为理想的脸形，适合各种发型，也是发型修饰脸形的参考标准	

续表

脸形	发型设计	效果
圆形脸	圆形脸比例偏短,缺少立体感和棱角感,须打破面部过于圆润、短小的格局,在视觉上拉长脸部比例 外轮廓修饰:增加发顶的高度,在视觉上拉长脸形 内轮廓修饰:塑造前发区的层次感,可以用"三七分"或"四六分"进行刘海分缝,以大C线条修饰额部,两鬓留出发丝以衔接刘海、修饰下颌	
方形脸	方形脸下颌骨转角突出,缺少柔美感,须采用"以圆破方"的设计策略 外轮廓修饰:提升前区发根的高度,做抽丝纹理,柔化外轮廓线;同时下方做曲线造型,发尾内收,破除下颌转角的生硬感 内轮廓修饰:用8字形刘海修饰,以中和面部硬朗感,额部的蓬松可以有效弱化下颌的坚硬感	
长方形脸	发型修饰策略与"方形脸"相似,在长度上需要做收敛处理 外轮廓修饰:用波纹卷发使头部两侧饱满,增加柔美感 内轮廓修饰:选择空气刘海、斜刘海、发梢层次丰富的齐刘海等遮住部分额头,改善脸部过长的情况	

续表

脸形	发型设计	效果
三角形脸	三角形脸的太阳穴处略窄，下颌宽阔，须增加上部发量，改善下颌宽阔、不均衡的情况 外轮廓修饰：以露出额头、增高颅顶发量的方式提升视觉重心，增加上部的丰满感；下部采用小发量、不对称的垂发设计，或无垂发 内轮廓修饰：用"三七"分缝的长8字形刘海打破面部对称感，向内引导，在视觉上收缩脸形	
倒三角形脸	倒三角形脸上宽下窄，显得过于尖削，须增加下部发量，均衡头形、改善脸形 外轮廓修饰：头发上部向后方收紧，下部烫卷增加量感，使上下宽度均衡、松紧有度 内轮廓修饰：采用线条优美的弧形刘海修饰额角，改善额部和两太阳穴之间过宽的情况，与下颌均衡	
菱形脸	菱形脸颧骨宽，太阳穴和下颌均窄小，发型设计须打破对称格局，塑造圆润丰满的头形 外轮廓修饰：用烫卷、拉丝等手法使头部上方蓬松、扩大；下方采用不对称设计，通过制作编发和盘发，打破下颌过于窄小、均衡的情况，转移视觉重心 内轮廓修饰：用长刘海遮盖过于突出的颧骨线条，微卷的弧度能有效柔化脸部线条	

4. 与顾客发质和发量搭配

新娘发型追求光滑、亮丽、健康的发质效果，表现流畅、清晰的纹理。在实际工作中，形象设计师会接触不同发质的顾客，须对发质有清晰的认知，采用适合的造型方式，为顾客提供优质服务。

新娘发型与发质的搭配见表4-4。

表4-4 新娘发型与发质的搭配

发质名称	发质特点	造型方式	注意事项
中性发质	头发乌黑亮丽、水油平衡、柔润光泽、富有弹性，发丝粗细适中、易于梳理，适合各种发型	造型前喷洒海盐水进行打底，使发根蓬松，并增加头发磨砂感，便于造型	操作前涂抹护发产品（如精油、防护乳等），以免吹发、卷发时的高温损伤发质
油性发质	头发油脂分泌十分旺盛，略显油腻，易沾灰尘，蓬松度较差，不易做造型	造型前使用控油产品清洁头发，然后用吹风机反向吹风，使发根立起 顾客若有出汗、出油情况，须及时喷洒海盐水使头发蓬松	叮嘱顾客在婚礼前注意饮食，减少油腻食物的摄入 婚礼前一天须清洁头发，保持干爽
干性发质	头发水油分泌不活跃，整体干燥、脆弱，发丝较细，容易打结。干性发质产生原因有先天遗传，也有后天美发不当所导致的头发脆弱	造型前将头发喷得略湿，用精油涂抹发梢，增加头发水分和光泽，有助于呈现流畅、清晰的发丝纹理	叮嘱顾客在婚礼前经常按摩头皮，用护发素滋润头发，增加头发的滋润度
细软发质	头发柔软顺滑、细软服帖、含水量大，发量略显稀疏，弹性较差	造型前用玉米须夹板烫一下发根，并使用毛发蓬松产品增加头发的体量感，也可以使用内衬假发片来增加发量	细软发质对物理烫发的持久度有限，因此在制作蓬松、耸立的头顶造型时，需要结合中度或强度造型产品定型
粗硬发质	头发强韧粗硬、蓬松厚实、含水量大，发量多而稠密，弹性强而稳定	造型前用卷发棒将头发烫成微波卷，增加头发的纹理感和磨砂感，便于造型	在制作蓬松的大量感造型时，可以用玉米须夹板烫发或喷海盐水，以增加头发的磨砂感

丰盈的发量能改善头面部比例，使脸部显得小巧精致，更为美观上镜。形象设计师需要观察顾客原有的发量情况，选择适合的造型方案，必要时辅以假发，体现美观、自然的造型效果。

新娘发型与发量的搭配见表4-5。

表 4-5　新娘发型与发量的搭配

发量程度	特点	造型方式	注意事项
发量适中	头发通常在头皮上分布均匀，不会出现明显的稀疏或密集区域	适应性强，可以配合各种发型设计	注意造型前的头发护理
发量浓密	头发厚实、体积大，使头部显大，量感不易调节	不适合烫发，可以适当做纹理烫进行修饰	注意顾客的发型体积与体形比例的协调
发量稀疏	头发稀薄、体积小、弹性差、含水量大，显得衰弱、不精神	造型前须用玉米须夹板烫发和毛发蓬松产品增加体量感，也可以使用假发片增加发量	玉米须夹板烫发时间不宜过长，以免伤害发质造成脱发，须采用与真发协调的假发，衔接自然，效果真实

二、新娘发型与婚礼场合的匹配

1. 新娘发型与西式婚礼的匹配

西式婚礼的场合特点及其发型设计要点见表 4-6。

表 4-6　西式婚礼的场合特点及其发型设计要点

婚礼场合	特点	发型搭配
韩式婚礼	韩式婚礼以黑白灰为主色调，其他用色也会很"轻"，如浅绿色、浅粉色、香槟色等浅色系。视觉设计元素通常有花艺、水晶灯饰、蜡烛等，整体氛围清新优雅、简约大气	发型以造型简约的短发、盘发、束发为主，如微卷中长发、低辫发、低髻等，搭配自然、清新的绢花装饰，与精致、简约的婚礼风格匹配
复古婚礼	复古婚礼风格独特，有着跨越时空的浪漫感。婚礼以纯度低的红色、墨绿色、棕色为主色调，新娘穿着旗袍，头戴改良后的西式头纱，新郎穿着改良版中山装或西服。视觉设计元素中西合璧，显得低调、时尚、优雅	发型以线条流畅、纹理清晰的卷发造型为主，有手推波纹、过耳卷发、大波浪卷发、维多利亚上卷、高盘发等，注重发型与头面部的比例和谐，搭配置于发际线和面颊周围的白色花饰，佩戴头纱
欧式婚礼	欧式婚礼是一种华丽的欧洲宫廷风格的婚礼形式，一般选择具有欧洲特色的建筑或室内空间作为婚礼场景，如城堡、教堂等。婚礼以华贵的金色、白色为主色调，搭配粉色点缀。新娘穿着白色的婚纱，头戴花环、皇冠装饰的头纱，新郎穿着西式正装礼服。视觉设计融合了宫廷风格，显得轻快、庄严、华贵	发型以高盘发、长款大波浪卷发、包发等大块面发型为主，搭配华贵的白色系、粉色系花饰，或钻石王冠等奢华质感的头饰，佩戴头纱
森系婚礼	森系婚礼是一种以自然为主题的婚礼形式，通常采用户外场地和绿色植物为主要设计元素。婚礼氛围清新、自然，以绿色、紫色、黄色、白色为主基调。新娘穿着轻盈的婚纱或淡雅的礼服，搭配花环、头饰等配饰，新郎穿着休闲西服，搭配轻便的衬衫和裤装	发型俏皮、自然、活泼，以蓬松自然的短发、蓬松丸子头、松散羊毛卷、高马尾卷发等为主，搭配较小的花草发夹

2. 新娘发型与中式婚礼的匹配

中式婚礼的场合特点及其发型设计要点见表4-7。

表4-7 中式婚礼的场合特点及其发型设计要点

婚礼场合	特点	发型搭配
传统中式婚礼	传统中式婚礼重构古典婚礼场景，有唐制、明制、宋制等形式，新人穿着与主题对应的汉服举行仪式。婚礼以高纯度的大红色为主色调，设计元素有红色宫灯、喜字、红烛、木雁等，风格热闹喜庆、雍容华贵	唐制：女性梳有对称的两鬟抱面式高髻，搭配金钗、步摇、象生花等华丽装饰；男性佩戴软脚幞头 宋制：女性梳有对称的宋制发型，搭配饰有鲜花的华丽花冠、簪钗、帘梳等；男性佩戴硬脚幞头并簪花 明制：女性梳鬏髻，佩戴带有挑牌的整套鬏髻头面，或直接佩戴带有挑牌的凤冠；男性佩戴翼善冠或左右簪花的乌纱帽
新中式国风婚礼	新中式国风婚礼是一种传统美学与现代时尚结合的婚礼形式，兼具传统民俗文化特色和现代简约设计风格。婚礼以高纯度、低明度的红色、金色、蓝色、橘色等为主色调，在具有中国传统特色的建筑或室内场景中举行，具有清新、典雅的中式美学意向	发型以处于中、高、低位置的圆形、椭圆形、菱形、8字形发髻为主，佩戴华丽的流苏簪钗

培训单元2 新娘发饰搭配

一、新娘发饰的分类与特点

发饰是新娘整体造型中的"点睛之笔"，既能装点发型，又能寄寓吉祥。新娘发饰是文化的传承，也是个性的展现，起到调整、平衡、烘托发型的作用。新娘发饰搭配的原则是扬长避短、和谐舒展。

新娘发饰款式与佩戴见表4-8。

表 4-8 新娘发饰款式与佩戴

类别		款式	戴法	示例图	佩戴示意图
西式	皇冠	有山字形、皿字形、一字形等，以几何图案、麦穗、月桂叶、花朵、树枝元素为装饰主题。大型皇冠围绕头部一圈，中型皇冠围绕头部半圈，小型皇冠长约10 cm，带有插梳	大、中型皇冠佩戴在头顶正中，两侧用发夹固定；小型皇冠插戴在头顶正中，也可斜戴		
	头纱	有鸟笼头纱、泡泡头纱、包头纱等饰头纱、双层头纱、包头纱等形式，分为及耳长、及肩长、及肘长、及腰长、指尖长、及地长、小拖尾、超长拖尾等，与礼服相配。头纱有素色网纱，也有以花朵、刺绣、水钻装饰的轻纱	根据发髻的位置佩戴，有顶戴法、中戴法、低戴法。顶戴法有遮面款，佩戴时折叠头纱并向前翻，遮盖头顶花饰和脸部，长度至下颌或胸前		
	帽饰	有大檐帽、平顶帽、小礼帽、鸟笼面纱帽等，有纱、绸缎、蕾丝等主要材质和花朵、羽毛等装饰元素	根据发型款式设计佩戴，在头顶正戴、斜戴，或侧戴		

续表

类别	款式	戴法	示例图	佩戴示意图
西式 发箍和发带	有硬挺的圆形半圈，中的半圈、圆圈型软带、宽窄不一。材质以硬塑料、铁丝、软布为主，装饰元素以蝴蝶、花朵、珍珠、蕾丝为典型	贴紧两侧头发，戴在头顶位置，尾部斜向耳后固定		
西式 发夹和发针	以硬钢丝、铜丝、合金为主要材料，用水晶、珍珠、花朵、羽毛、蕾丝、蝴蝶结装饰，底座为鸭嘴式夹头和头插针	插入发髻或夹住头发固定		
花环	圆圈款型，亚克力为基本材质，树脂、铝合金，装饰花朵、树叶、树枝等形态的饰品	佩戴在头顶正中央，与发髻结合并固定		

续表

类别		款式	戴法	示例图	佩戴示意图
中式	凤冠	多为山字形凤冠，两侧和前中部位有对称的流苏。质地以铜丝、点翠珠琅、玉石、水晶、亚克力为主，饰以凤凰、蝴蝶、花朵等装饰元素	佩戴在头顶正中央，点翠大凤冠对称用于周制婚礼，金色小凤冠用于新中式婚礼或与秀禾服搭配		
	发钗	钗脚两股，钗头饰有金、银、合金、玉石、牛角等材质制成的花卉、果实、动物等吉祥元素，带有流苏的发钗名为步摇	插于发髻上或鬓发两侧	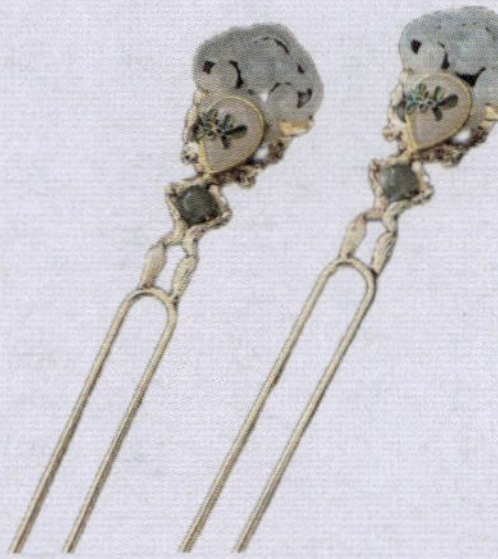	
	象生花	又称人造花、仿花，用绒、丝、绢、植物纤维制成花卉形态、轻盈、鲜丽	插于发髻、冠饰上，或戴在鬓边		

二、新娘发饰搭配技巧

1. 新娘发饰搭配要点

（1）材质。新娘发饰的材质须与服装风格相匹配。婉约、含蓄的服装风格适合选择质地轻盈的发饰，如丝绸、蕾丝等，给人以柔美、优雅之感，与礼服细腻的薄纱面料相得益彰。成熟、稳重的服装风格适合选择材质厚重、密实的发饰，如金属、珍珠等，给人以坚固、高贵之感，与正式礼服厚实、挺括的面料彼此映衬。随着时代潮流的发展，发饰的选择也更加多元化，如时尚的树脂或亚克力材质的发饰在富有个性和时尚感的新娘发型中具有很强的表现力。

（2）量感。新娘发饰的量感须与整体造型相协调。例如，量感强、廓形大的发饰给人高贵、华丽的印象，但需注意其与新娘身材比例、发型量感的协调性，如果发饰过大，可能会给人累赘感；简约、轻巧的小量感发饰精致、柔美，能够表现新娘婉约雅致、可爱浪漫的风韵，但如果发饰过小，则可能会弱化头部造型的层次感和表现力。

（3）色彩。新娘发饰的色彩须与服装、妆容、发色协调匹配。

一方面，发饰色彩应把握色彩的明度和纯度，并根据整体形象设计需要进行调整。例如，明度较低的色彩给人以沉稳、高雅的印象，适合展现内敛、端庄的气质。又如，明度和纯度都较高的色彩给人以欢快、活跃的印象，适合展现活力、热情的形象。

另一方面，发饰色彩应与婚礼主题的文化背景相契合。例如，西方文化中的白色被视为纯洁、高贵和优雅的象征，白色发饰可以与各种颜色的婚纱和礼服相配，表现清新、典雅的气质，浅粉色系的新娘发饰也有同样的效果。但白色和浅粉色的发饰就不适用于中式婚礼。在中国文化中，红色象征喜庆和幸福，金色代表财富和荣耀，大红色和金色的发饰可以与中国传统服饰或旗袍相得益彰，展现华丽、庄重的气质。

2. 不同维度下新娘发饰的搭配技巧

（1）新娘发饰须与脸形搭配，起到画龙点睛的作用。脸形与发饰的搭配见表4-9。

表4-9 脸形与发饰的搭配

脸形	发饰搭配
椭圆形脸	适合各类发饰，但是要注意发饰在头部前后区的呼应情况
圆形脸	佩戴位置宜集中在头顶区域，以在视觉上拉长脸形
方形脸	佩戴位置应集中在头部上半部分 选择具有S形弧度的发饰，缓解脸形的直线感，增加柔美感

续表

脸形	发饰搭配
长方形脸	佩戴位置应集中在耳朵两侧，呈横向，以减弱脸部过长的视觉感受
三角形脸	佩戴位置集中在头部的上半部分，均衡脸形 选择帽饰、网纱花饰等大量感发饰，以修饰发型的内轮廓
倒三角形脸	佩戴位置集中在头部中部和下半部分，增加下颌的视觉宽度
菱形脸	佩戴位置集中在头部的上半部分，配合流苏线条，均衡脸形 选择大量感的发饰，使头部显得丰满

（2）新娘发饰的款式风格须与礼服匹配。发饰与西式婚礼礼服的搭配见表4-10，发饰与中式婚礼礼服的搭配见表4-11。

表4-10　发饰与西式婚礼礼服的搭配

名称	饰品搭配	图例
主纱	重工奢华主纱：搭配大型重工水钻皇冠和超长头纱（见右图） 缎面主纱：搭配大型或中型的珍珠、水钻皇冠和长头纱 修身鱼尾主纱：搭配中型简约款水钻皇冠和长头纱	
轻纱	彩色轻纱：搭配小型皇冠和饰有花朵、缎带的发带、发箍，亚克力和珍珠材质的发针、发夹等（见右图） 田园风格轻纱：搭配花环、鲜花，亚克力和珍珠材质的发针、发夹等	

续表

名称	饰品搭配	图例
复古礼服	复古礼服：搭配帽饰、蕾丝花饰，或装饰花朵或珍珠的发带、发箍、网纱	

表4-11　发饰与中式婚礼礼服的搭配

名称	饰品搭配	图例
中式传统礼服	唐制：搭配金色点缀宝石的发冠、发梳、步摇、象生花等（见右图） 宋制：搭配亚克力或金属材质的插有象生花的发冠、金色帘梳、红色或蓝色小型木插梳、玉簪、金钗等 明制：搭配明代高规格鬏髻头面，或带有一对珍珠挑牌的点翠大凤冠	
新中式礼服	旗袍：搭配绢花、鲜花、玉簪、步摇等（见右图） 秀禾装：搭配流苏小凤冠、插梳、绒花、绢花、发钗等	

培训单元 3　新娘发型设计方案制定

一、新娘发型设计方案制定流程

婚礼是新娘人生中的重要时刻，新娘的发型既要与主题风格相匹配，又要能在短时间内迅速、流畅地变换造型。因此，婚礼前与新娘进行整体造型的沟通和试妆就显得非常重要且必要。

新娘发型设计方案制定流程见表 4-12。

表 4-12　新娘发型设计方案制定流程

步骤	内容
咨询	1. 了解顾客对发型的喜好、婚礼主题以及个人风格的要求，并据此确定发型风格 2. 了解顾客婚礼当天礼服的套数，确认发式造型的数量 3. 根据顾客的造型需求和礼服的风格，与顾客商讨适合的发型款式和发饰样式 4. 向顾客介绍服务产品价目，报价并确认
预约	1. 与顾客确定试妆时间、地点，并做好工作记录 2. 安排服务工作
设计确认	1. 根据顾客的身材、脸形、发量、年龄、性格等要素细化设计方案 2. 根据顾客服装的款式和色彩设计与每套服装相对应的具体发型方案，并通过邮件、电话、线下征询等方式与顾客沟通确认
试妆	1. 根据婚礼流程要求，按确认内容为顾客试妆搭配主婚服的发型设计方案 2. 就试妆结果征询顾客意见，共同分析、调整发型的款式、纹理、舒适度等，使发型达到最佳状态，并得到顾客认可 3. 为顾客试戴提前准备好的多套发饰，征询顾客意见，选择美观且符合顾客心意的款式 4. 与顾客确认主婚服的发型方案，拍摄试妆造型照片并存档 5. 如时间允许，再试其他礼服的发型设计，沟通、确认、拍摄存档
工作策划	1. 通过邮件、电话、线下征询等方式与顾客确认婚礼当天的流程安排 2. 了解并熟悉婚礼当天各造型环节的衔接情况，核算换妆时间，制定换妆方案，确保万无一失

续表

步骤	内容
婚礼前的准备	1. 根据设计方案和婚礼流程将发型工具、产品、发饰准备妥当 2. 婚礼前 1~2 天提醒顾客发式造型相关注意事项 3. 为顾客预约婚礼前 1 天的美发服务，做好清洁护理

二、新娘发型设计方案制定要点

现代婚礼通常在一天内完成，新娘发型与婚礼的仪式和流程对应，一般随着礼服的更换而变化。新娘发型除了与礼服造型协调外，还须拉开不同发型之间的风格差异，每次亮相都能使人眼前一亮。

新娘发型设计方案制定要点见表 4-13。

表 4-13 新娘发型设计方案制定要点

婚礼流程	礼服	发型设计要点	注意事项
敬茶造型	中式裙褂	简约盘发，搭配带有流苏的金属发冠	注意发型内轮廓线的修饰
	西式轻纱	简约盘发，搭配小型皇冠和及腰长的头纱；半披发款式的波浪发型，搭配珍珠、水钻发针	可以不配头纱
外景造型	西式轻纱	长波浪披发或盘发，搭配花环、装饰花朵或珍珠的发夹	注意内轮廓线发丝纹理的轻盈感塑造
	西式彩纱	浪漫的盘发，搭配皇冠、花环、绢花、珍珠/水钻发夹等	注意整体纹理的立体感和轻盈感塑造，刘海须透气、有型
仪式造型	主纱	高盘发或韩式盘发，格局对称，体量感大，轮廓流畅，纹理清晰；搭配大量感水钻和珍珠装饰的皇冠、及地长的头纱	发型轮廓简洁、光滑，没有碎发和多余装饰 头纱应具有奢华感，蓬松有层次，体现大量感特征
晚宴造型	彩色礼服	中盘发或低盘发，搭配装饰花朵和珍珠的发夹、发针 复古大波浪发型，搭配珍珠/水钻发夹或帽饰	盘发款式简洁、纹理清晰 复古大波浪款式纹理清晰、结构立体、发丝整齐 发饰色彩须与礼服色彩呼应协调

培训项目 2 发型造型

培训单元 1 新娘发型基本造型

为了做出弧度流畅的造型,需要将顾客原来的头发进行烫卷,将"生发"做成"熟发"。一方面,烫卷能使头发蓬松,提升头发的量感和厚度,与面部比例协调;另一方面,烫卷可以增加头发的磨砂感,使纹理更有序、头发可塑性更强。

一、复古波浪卷发造型

复古波浪卷发采用平卷的方式制作,呈有序的大波浪状,具有古典韵味,是适应森系婚礼风格的发型,也是复古风格、欧式风格发型的理想基底。

操作技能

复古波浪卷发造型

操作步骤

步骤 1 分发区

(1)取双耳形状最高点,用尖尾梳向上垂直分缝,将头发分为前后两区。操作时注意分缝整齐、两侧对称。前后发区分缝情况如图 4-1 所示。

（2）如图4-2所示，将前区头发分成左、中、右3个区域。中间区域以鼻梁为中线、两侧眉峰之间的宽度为参考进行分区，剩下的部分自然形成对称的左右两侧。

图4-1　分前后发区

图4-2　前区分发区

（3）如图4-3所示，将后发区分成宽度基本相等的6个区域。

图4-3　后区分发区

步骤2　平卷制作

（1）先烫前区的头发。如图4-4所示，在右侧横向取一片1掌宽、1指厚的发片，用梳子梳顺；然后使用25号卷发棒进行平卷。操作时发根须与头皮垂直，铁片在上、卷筒在下，从外往内卷，这样可使发根立起、头发蓬松立体。

梳顺发片　　　　　　　　　　　水平烫卷

图 4-4　梳顺和烫卷

如图 4-5 所示，一片头发卷完之后呈筒状，用无痕夹在发卷前后进行固定。前区右侧头发可制作 4 个发卷。

单发卷固定效果　　　　　　　前区右侧发卷固定效果

图 4-5　制作前区发卷

用同样的方法制作前区左侧发卷，发卷数量和分层须与右侧对称。

制作前区中间部分的发卷时，可以根据发型设计的分缝比例决定发卷的方向，效果如图 4-6 所示。

图 4-6 前区发卷制作效果

（2）后区头发可以按照"左—中—右""上—下"的顺序制作平卷，效果如图 4-7 所示。

图 4-7 后区平卷效果

步骤 3 喷发胶定型

使用喷发胶将全头发卷进行定型，操作时喷发胶应距离头发 30 cm 左右进行均匀喷洒，如图 4-8 所示。

图 4-8 喷发胶定型

步骤 4　拆开、梳顺发卷

如图 4-9 所示，待头发干燥定型后，以由下至上的顺序将发卷一缕缕地拆开，拆开后的发卷呈有序、光滑的螺旋状；用气垫梳将所有头发梳通、梳顺。

图 4-9　拆开、梳顺发卷

梳理后的卷发效果呈柔和的大波浪曲线纹理，具有古典美感，如图 4-10 所示。

图 4-10　卷发效果

二、手卷烫发造型

优雅婉约风格的婚礼发型多采用盘发造型，用手打卷技法制作整洁饱满、纹理清晰、垂发自然妩媚的发髻。手卷烫发为纵向纹理，呈自然、垂顺的波浪造型。制作时须注意卷筒大小应一致，发卷表面应光滑，摆放位置应错落有致。

手卷烫发造型

操作步骤

步骤1 分区烫发

（1）如图4-11所示，先将头发分为前后两个区域，分区方法见"复古波浪卷发造型"；然后将后发区以两耳上部水平连线为界，分成上下两个区域，再将后发区的上部区域水平分成2份，即后区分为3份。

分前后发区

后发区分区效果

图4-11 分发区

（2）如图4-12所示，从后发区下部纵向取一缕发片，平整地卷在30号卷发棒上，逆时针向内卷发，以此方法依次卷完后发区下部头发。

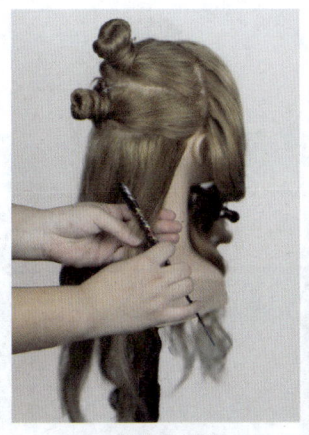
纵向取发片

垂直卷发

同方向依次卷发

完成效果

图 4-12　卷后区下部头发

（3）以此方法统一方向依次卷完所有头发。

（4）待头发冷却后，将头发用气垫梳梳开、梳顺，效果如图 4-13 所示。

卷发完成效果

梳顺头发及完成效果

图 4-13　烫卷、梳顺全部头发

步骤 2　束发

将完成的卷发喷发胶定型。

将所有头发向后梳理，在枕骨后方握紧；用穿了皮筋的钢夹以缠绕手法将头发牢牢扎束在枕骨后方握紧点处，形成干净、利落的一束马尾辫，如图 4-14 所示。

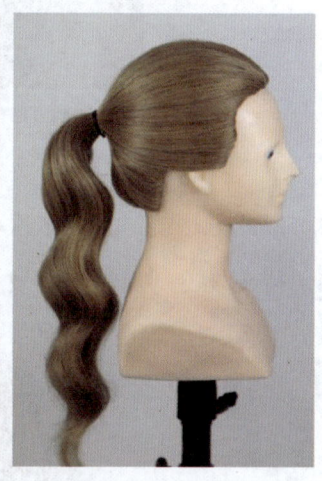

图 4-14　束发

步骤 3　手打卷

此处介绍手打卷的三种技法，在实践中综合运用能塑造纹理变化丰富、造型丰满的发髻。

方法一：单卷

如图 4-15 所示，从马尾中取一片头发，发量约占整个马尾的 1/3，用梳子梳通顺，涂抹透明啫喱膏或发蜡使之光洁；用食指和中指夹住发片，将发片翻卷成一个小圆筒，并用钢夹顺着手指方向在圆筒的左右侧固定紧实。

图 4-15 单卷制作

方法二：交叉卷

如图 4-16 所示，从马尾中取 1/3 发量的一缕发片，用梳子梳通顺，涂抹透明啫喱膏或发蜡使之光洁；用食指和中指夹住发片往头部左边倾斜，绾成筒状手卷，并顺着手指方向用钢夹在圆筒两侧固定紧实。

如图 4-17 所示，将这片头发的发尾向右往回卷，卷成一个圆筒后在底部用钢夹固定，整体形成一个 S 形发卷组合。

图 4-16　做第一个筒状手卷

整理发尾

向右做第二个卷

交叉卷完成效果

图 4-17　交叉卷制作

方法三：连环卷

（1）从马尾中取 1/3 发量的发片，用梳子梳通顺，涂抹透明啫喱膏或发蜡使之光洁；用手指夹住发片并翻折形成发卷，在翻折处顺手指方向用钢夹固定卷筒。

（2）将卷筒剩余的发尾以同样的方法再卷一次，形成整齐、彼此衔接的一组平行发卷。

连环卷制作如图 4-18 所示。

卷第二个卷　　　　　　　　连环卷效果

图 4-18　连环卷制作

三、手推波纹造型

手推波纹风格鲜明，具有年代感，能有效修饰脸形，是复古风格新娘发型的常用技法。做手推波纹前需要烫发，然后制作弧度流畅、结构立体的波纹发片。在整个制作过程中，应注意保持头发表面光滑和纹理线条流畅。

手推波纹造型

操作步骤

步骤1　分区

如图 4-19 所示，先将头发分为前后两个区域，再将前区头发按"左三右七"的模式分区；将前区两侧的头发均分为上下两片，将下片的头发向后梳，与后区头发一起扎成一个马尾。

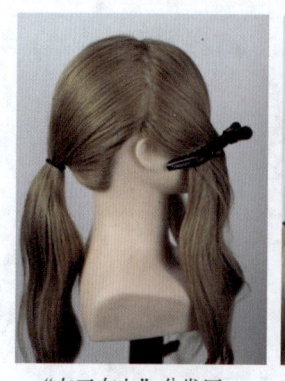  

"左三右七"分发区　　前区右侧水平分层　　将前区右侧下片头发与后区马尾汇总

图 4-19　分发区

步骤 2　前区头发烫卷打底

如图 4-20 所示，将前区头发用 25 号卷发棒平卷并用无痕夹固定，每个发卷大小一致，卷发方向以分缝为界，向两边外侧方向卷起；待头发冷却后，将无痕夹拆除，用气垫梳将头发梳开、梳顺，形成光滑的波纹状。

烫卷头发　　　　　　做成发卷并固定

拆除发卷、梳开头发　　烫发完成

图 4-20　前区头发烫卷打底

步骤 3　推前区右侧波纹

（1）如图 4-21 所示，将前区右侧头发水平分出一片，发片厚度约一指半，用梳子梳顺；左手夹住发片，右手持梳子，梳子角度与发缝平行，将发片向上推，推出一个立体的波纹；左手压住推好的头发，右手取一枚无痕夹，顺着左手压住的方向固定发片波纹。一般情况下，推得离发缝近，弧度就小，波纹立体感强；推得离发缝远，弧度就大，波纹相对平缓。

推波纹　　　　　　　　固定

图 4-21　推第一个波纹

（2）如图 4-22 所示，在第一个波纹下层薄薄地取一片头发，与上层发尾汇总并梳顺；左右手配合，以同样的方法向下推一个波纹，并用无痕夹固定发片。

图 4-22　推第二个波纹

（3）如图 4-23 所示，将剩余的前区头发推成连续的波纹状，直至收尾。

图 4-23 推完剩余的头发

步骤 4　喷发胶定型

如图 4-24 所示，将强力定型发胶均匀地喷洒于波纹上进行定型。

图 4-24 喷发胶定型

步骤 5　推前区左侧波纹并定型

如图 2-25 所示，以同样的手法将左侧发片推成连续、立体的波纹，用无痕夹固定，用强力喷发胶喷洒定型。

图 4-25 推左侧波纹

步骤 6　调整并完善造型

待头发干后，分区逐一将无痕夹取下，并用小钢夹以下暗夹的方式固定波纹弧度转折处。夹子需要隐藏在发片下方，不要露出。

手推波纹造型效果如图 4-26 所示。

图 4-26　手推波纹造型效果

四、抽丝造型

S 形抽丝灵动活泼，C 形抽丝妩媚温婉，抽丝技法能丰富新娘发型的层次，塑造氛围感，显得自然随性。需要注意的是，须根据发型的轮廓进行抽丝，抽出发丝的长短虽然看似随意，但仍需注意抽出发丝是线状还是片状，不可有毛糙感。

抽丝造型

操作步骤

步骤 1　前后分区，烫打底卷发

（1）如图 4-27 所示，先将头发前后分区。

（2）如图 4-28 所示，将后区头发分为上、中、下 3 个区域，并固定上、中区域。

（3）如图 4-29 所示，在颈部侧边纵向均匀地分出一层两指宽的发片；然后将卷发棒纵向放置，棒体在前、贴片在后，夹住头发；逆时针转动卷发棒，让头发慢慢从上而下卷入棒中，直至发尾。

图 4-27　前后分区　　　　图 4-28　后区分区

图 4-29　卷第一缕头发

（4）如图 4-30 所示，取第二缕头发，操作方向与第一缕相反，贴片在前、棒体在后，夹住头发，顺时针慢慢转动卷发棒，让头发卷入卷发棒中，直至发尾。

图 4-30　烫卷后区下层头发

（5）所有头发均以此方式以"一正一反"的方向全部卷烫完毕，喷发胶定型，效果如图 4-31 所示。

图 4-31　烫发完成效果

步骤 2　编发抽丝

（1）用气垫梳将发卷梳开、梳顺。如图 4-32 所示，将后区头发扎一个低马尾，将前区头发纵向平均分成 4 份；取前区左侧的一份头发用两股拧转的手法制成麻花状，右手捏住发尾置于后区；左手用大拇指与食指捏起拧转发片区位置最突出的一丝头发，抽起，喷发胶定型。用此手法完成整个发辫的抽丝，然后将发尾扎起，汇总在马尾根部。操作时左右手应配合默契，左手抽丝时右手适当松动，但发辫不可松散。

  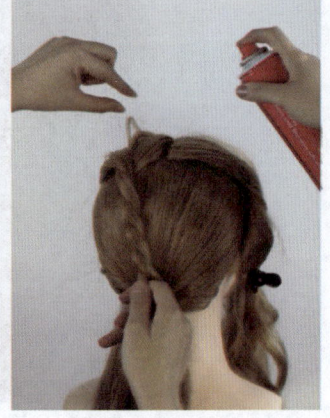

图 4-32　编发和抽丝

（2）如图4-33所示，一个发辫的抽丝完成后，用皮筋扎束发尾，固定在后区马尾根部；然后以同样的手法将前区4片头发均做编发、抽丝处理，集中固定在后区马尾根部。

图4-33 完成前区编发、抽丝

（3）取一小片马尾头发，绕在马尾根部，遮住发辫汇总痕迹；然后将马尾编成四股辫，用右手捏住。如图4-34所示，用左手大拇指与食指在四股辫突起的位置捏起一缕头发，抽出，喷发胶定型。抽出的头发内厚外薄，有节奏感。整个发辫按此操作，至发尾处用小皮筋扎起。

图4-34 马尾编发和抽丝

步骤 3　调整并完善造型

抽丝造型效果如图 4-35 所示，此发型饱满、完整，自然浪漫。可以与花朵、藤蔓饰品搭配，非常适合森系婚礼。

图 4-35　抽丝造型效果

五、包发造型

包发技法是打毛与梳滑的结合，营造流畅、饱满的线条感，可以增加颅顶发量、修饰头形，表现庄重、高贵的气质。

包发造型

操作步骤

步骤 1　梳高马尾

如图 4-36 所示，在头顶"黄金点"部位梳一个高马尾，马尾位置要与耳尖、鼻翼形成一条直线。

图 4-36 梳高马尾

步骤 2　向前固定马尾

（1）如图 4-37 所示，准备一根两端套好发夹的皮筋，把马尾向前拉起、放平，在马尾根部 2~3 cm 处，将提前准备好的皮筋两端的发夹固定在马尾两侧。

图 4-37　向前固定马尾

（2）如图 4-38 所示，将马尾的头发一层层细细倒梳打毛，形成蓬松的半圆形发包，位置接近马尾固定处。

图 4-38 倒梳打毛

（3）如图 4-39 所示，将马尾向后翻折，放倒发梳，将发包表面的头发梳理光滑，包住内侧的发包；然后向正后方归拢，形成发髻的形状。

图 4-39 梳理发髻

（4）如图 4-40 所示，发髻形成后，梳拢发尾，用皮筋扎起，用发夹固定在枕骨上方。发尾以手打卷的方法向上翻折，固定在发包后方，遮住皮筋固定位置。如果发尾过长，也可以通过做发卷，编三股辫、两股辫的手法做成美观的式样并固定。

图 4-40 收拢发尾

步骤 3　调整并完善造型

发包完成后,用发胶固定成型,效果如图 4-41 所示。

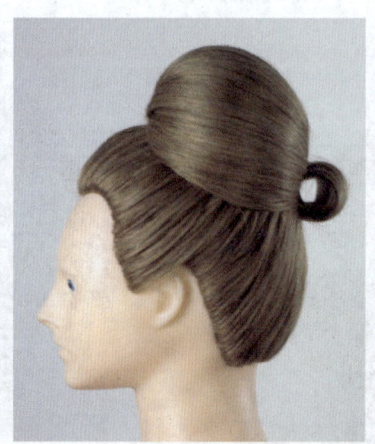

图 4-41 包发造型效果

六、水波纹造型

水波纹烫发适合中长发、长发的新娘,将头发烫出类似水波弧度的优美曲线,搭配简约的发夹、花环,营造文静温柔、浪漫生动的发型形象。

操作技能

水波纹造型

操作步骤

步骤1　分区

如图 4-42 所示，先将头发分成前后两区，再将前区头发分成 4 个发区。

图 4-42　分发区

步骤2　烫发

（1）取前区右侧下方发区的头发，用 30 号卷发棒在右耳侧边夹住发片，进行"内扣—外翻"烫发。如图 4-43 所示，卷发棒横向放置，发尾向前方缠卷在卷发棒上，烫完放下后，头发呈向外翻卷的形态。

（2）如图 4-44 所示，用尖尾梳梳开、梳顺烫过的发卷。

（3）如图 4-45 所示，取前区右侧上方发区的头发，从下方发卷第一个弧度的位置夹住发片，以同样的方式进行卷发，两层头发的弧度要保持一致。

图 4-43 烫第一个发卷

图 4-44 梳开发卷

图 4-45 烫第二个发卷

（4）用梳子将第二个发卷梳开，再将右侧的头发汇总梳理，整理成型，喷发胶定型，如图4-46所示。

图4-46　梳理右侧头发

（5）以与右侧同样的方式烫卷左侧上下两个发区的头发，梳顺、整理、定型，头发弧度须保持一致，如图4-47所示。

图4-47　左侧头发烫卷和梳理

（6）取下后区的定位夹，将头发水平上下分层，用卷发棒以平卷手法从最下层头发处做烫卷处理，然后依次向上，将后区头发全部烫卷，如图4-48所示。

图 4-48　后区烫卷

步骤 3　整理和定型

用梳子梳顺后区发卷，整理成整齐的波纹，喷发胶定型，效果如图 4-49 所示。

图 4-49　水波纹造型效果

培训单元 2　新娘发型量感造型

一、动感短发造型

新娘短发造型干净清爽、轻盈灵动、易于打理，操作时须注意头顶区域的丰满，以及发型内轮廓的修饰，可通过吹风、烫卷、打毛、垫发等手段，使头部整体显得圆润有型。

在设计新娘短发造型时，应注意发型与体形的关系。例如，对于身材娇小，头大肩窄的短发新娘，要采用深发色弱化头发的厚度和蓬松度，在视觉上缩小头围，并用灵动的空气刘海修饰脸形。对于体形壮实、颈部短的短发新娘，应将鬓角两侧收紧，提升发型中心，使颈部在视觉上得以拉长，用流畅的纹理线条表现发型层次感，如层次短发、C 卷短发等。

在梳理新娘短发时，要善于运用做卷和整理的技法，饱满的轮廓和丰富的纹理可以做出美丽的造型。在造型前可以用大号卷发棒将头发烫卷，制作各种优美的纹理线条，然后用梳理、抽丝、吹风等手法，塑造漂亮的发型。

动感短发造型

操作准备

1. 准备发型工具和用品。

2. 清理工位和镜台，用酒精擦拭工具，保证操作卫生。

模特形象如图 4-50 所示，为年轻女性，身材娇小，比例匀称；五官精致，椭圆形脸；短发，偏干发质，有刘海。

图 4-50　模特形象

操作步骤

步骤1　头发打底和分区

（1）在头发上喷海盐水，使其蓬松。用手提起发片，与头皮成90°，用吹风机吹塑发根（见图4-51），吹干水分，使发根立起，再用气垫梳将头发梳通、梳顺。

（2）将前发区的头发用C形分缝线以"左三右七"的方式分缝，如图4-52所示。

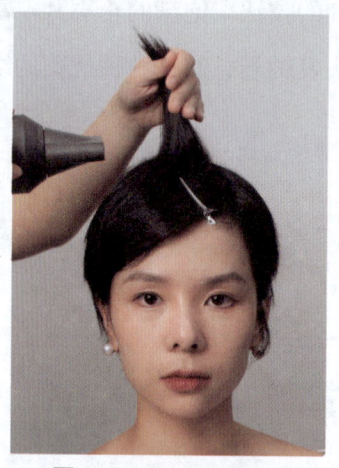
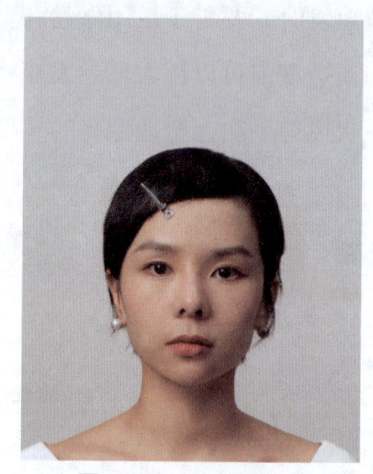

图4-51　吹塑发根　　　　图4-52　分前区发区

如图4-53所示，用25号卷发棒将整个后区头发烫出C形弧度的大卷，使后区整体呈现蓬松饱满、层次丰富的状态。

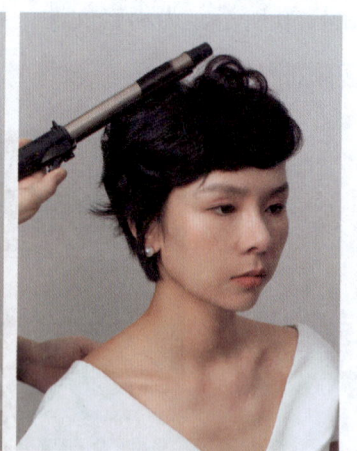

图4-53　烫卷后区头发

步骤2　塑造顶区空气感

如图4-54所示，将前发区左侧的头发边缘用无痕夹固定，然后使用抽丝方法调整顶区头发，塑造空气感并喷发胶定型。

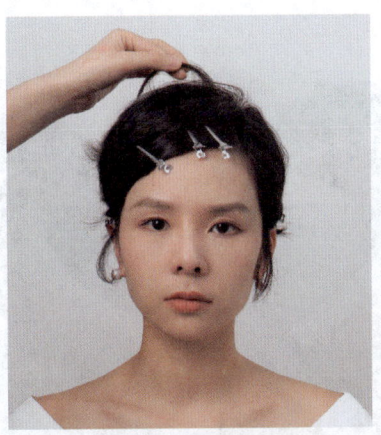

图 4-54　抽丝塑造空气感

步骤 3　后区发型卷烫整理

如图 4-55 所示，将后区头发平均分成 4~5 份，用卷发棒夹住每份头发的发梢，向右侧扭转卷烫，制作发丝外翻的纹理感，操作时须注意发丝弧度流畅；然后用卷发棒将发尾和发际线附近的头发向上翻，并使其正面可见。

图 4-55　卷烫整理后区纹理

步骤 4　鬓角纹理制作

如图 4-56 所示，用卷发棒以内扣的手法烫卷鬓角发丝，制作 C 形弧度，营造发型的轻盈感。

步骤 5　佩戴发饰和整理定型

取下定位夹，观察发型与脸形的关系，如图 4-57 所示，在太阳穴处和耳朵上方佩戴小巧的蝴蝶结发夹；然后从背面、侧面、正面观察发型的轮廓和纹理，做最后的调整并喷发胶定型。

 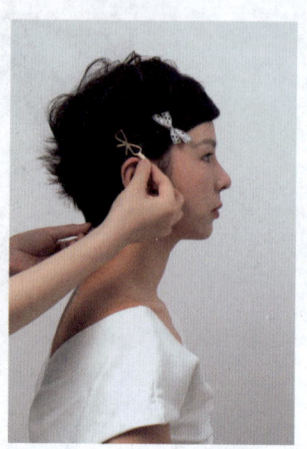

图 4-56　卷烫鬓角发丝　　　图 4-57　佩戴发饰

动感短发造型效果如图 4-58 所示。

图 4-58　动感短发造型效果

 **注意事项**

1. 如果模特顶区头发不饱满，可在发片下方打毛，然后再做抽丝。
2. 发饰色彩须与服饰相近，使整体和谐。
3. 发尾如果有毛糙的情况，可在整理阶段涂抹少许发泥进行定型。

二、动感中长发造型

中长发长度适中，便于造型，适合各种发质和脸形，突显女性优雅、时尚的气质。在新娘发型实践中，中长发适应性最强，既可收缩成波波头的长度，也可与假发结合至腰际，是可塑性最强的量感。

在为中长发新娘设计发型时，应把握好量感。例如，体形高瘦的新娘若有头部偏小、颈部细长、体态单薄的情况，则易显得不精神，发型设计须避免紧贴头皮的款式或过于高耸的发型，适合浪漫卷发、优雅中低盘发等，头发应具有一定的蓬松度，有意塑造丰满感，并适当修饰颈部线条。又如，丰满的新娘希望通过发型使身形收敛、均衡，发型设计须松紧有度，在发型上部制作一定的量感，下部和内轮廓线部位尽量采用纵向线条元素，在视觉上拉长、柔化丰满的身形，为整体形象增添轻盈、柔和的感觉。

在为中长发新娘梳理发型时，要综合运用卷发技法制造头发纹理感，蓬松发根，塑造整体发型轮廓，再以拧转、抽丝等手法塑造发丝纹理细节，使之精致、流畅。例如，对于发量偏多的新娘，若需提升发型重心，则可以采用拧转并向前推的手法收拢头发，使头发量感集中在顶区，既可以塑造丰富、立体的发丝纹理，又可以避免两鬓部位过于蓬松所造成的臃肿感。

操作技能

动感中长发造型

操作准备

1. 准备发型工具和用品。
2. 清理工位和镜台，用酒精擦拭工具，保证操作卫生。

模特形象如图4-59所示，年轻女性，身材适中，比例匀称；五官精致、圆润、椭圆形脸；低层次中长发，中性发质，无刘海。

图4-59 模特形象

操作步骤

步骤 1　烫卷

（1）在头发上喷海盐水，用吹风机吹干，发根部分用小号玉米须夹板烫得立起、蓬松。

（2）如图 4-60 所示，将头发进行前后分区，用 22 号卷发棒将前后区所有的头发向一个方向烫成竖卷。

图 4-60　烫卷

步骤 2　后区造型

（1）如图 4-61 所示，将后区头发分为上下两层，下层比上层稍多；然后将后区上层的头发拧转，并在头顶固定；将后区下层的头发汇总在枕骨部位，扎束马尾，并将马尾梳理通顺。

图 4-61　后区分区和扎束

（2）如图 4-62 所示，将马尾拧绕，向上盘成扁髻并固定，作为头顶发包的基座。

（3）如图 4-63 所示，取后区上层的头发进行倒梳处理，做成一个蓬松发包；然后向后翻，将发包表面用刮梳的手法梳光、梳顺，形成一个半圆形包发，覆盖脑后基座，在基座下方轻轻拧转，用发夹固定；将发尾向上翻转固定，保留烫卷后的卷发曲线，堆在头顶。

职业模块 4　发型设计与造型

图 4-62　盘束马尾

倒梳打毛

梳理半圆形包发

固定包发

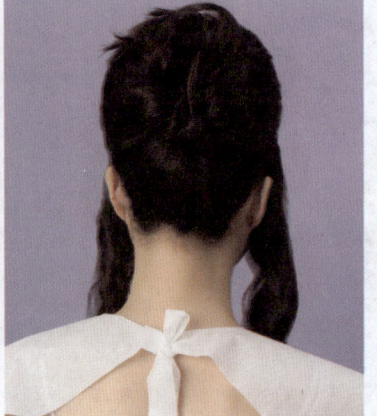
上翻收尾

图 4-63　制作头顶包发

步骤3　前区造型

（1）如图4-64所示，留出刘海部分的头发，将两侧剩余头发集中向后梳理，盖住包发两侧；发尾绕行至包发上方，轻轻扣转，用U形夹固定，喷发胶定型。

图4-64　梳理两侧头发

（2）如图4-65所示，用手指在顶区用抽丝的手法制作发丝纹理，丰富发型层次；然后喷发胶定型。抽丝时应注意发量均匀，正面可见。

步骤4　整理刘海

如图4-66所示，用卷发棒烫卷刘海、鬓角头发，制作S形弧度，修饰脸形，统一发型整体风格，体现浪漫妩媚的气质。

图4-65　抽丝和定型　　　　　　　图4-66　修饰刘海

步骤 5　佩戴发饰

如图 4-67 所示，选一条精致的水钻发箍戴在刘海与头顶包发的交接处，强调头发的层次和颅顶的高度；在两侧耳朵上方佩戴黑色蝴蝶结，在固定发箍的同时，增强发型的层次感，突显装饰感；两侧蝴蝶结可以不对称佩戴，更有俏皮感。

图 4-67　佩戴发饰

步骤 6　调整发型，造型完成

再次调整刘海及鬓角处的发丝，适当抽松，增强轻盈感和空气感，修饰脸形，效果如图 4-68 所示。

图 4-68　动感中长发造型效果

三、动感长发造型

长发即使并不浓密,盘束起来量感也比短发、中长发大。因此,在为长发新娘设计发型时,应注意量感的控制。例如,对于体形小巧的新娘,过长的头发会缩短身材比例,不适合长披发或过于蓬松的盘发造型,发型设计应与新娘小巧的体形匹配,提高发型的重心,用盘发、高马尾等方式提升身高比例、收束发量。又如,对于瘦高的新娘,做烫卷、蓬松处理的长披发则可调节身材不足,表现出一定的量感和丰满感。

大波浪卷十分适合长发新娘,在发型造型时应选择合适的卷发棒型号进行造型。对于发质较硬的新娘,应选择30号大型卷发棒,顺应发质弹性,塑造柔和波纹。对于发量少而发丝细软的新娘,应选择22~25号中型卷发棒,使头发更蓬松、细腻、有型。

动感长发造型

操作准备

1. 准备发型工具和用品。

2. 清理工位和镜台,用酒精擦拭工具,保证操作卫生。

模特形象如图4-69所示,年轻女性,身材高挑丰满,比例匀称;面部结构略扁平,五官舒展,圆形脸;低层次齐腰长发,中性发质,颅顶扁平,无刘海。

图4-69 模特形象

操作步骤

步骤1 分区

(1)如图4-70所示,在头发的中部到尾部区域喷洒、涂抹护发精油,适度按摩至发丝滋润;然后将头发分成前后两区,前区以"左三右七"的比例三七分缝。

图 4-70　护发和分区

（2）如图 4-71 所示，在前后区头发的发根处做玉米烫处理，使发根立起，颅顶发量增加。

图 4-71　夹烫发根

步骤 2　后区头发烫卷

（1）如图 4-72 所示，将后发区分为上下两区，将下层发区平均分成 4 份，取第一份头发，将头发平整地夹在卷发棒上，卷发棒方向垂直向下，顺时针卷动卷发棒，制作纵向螺旋发卷。

（2）如图 4-73 所示，取第二缕头发，以逆时针方向垂直卷发，注意烫卷高度须与第一片一致，完成后喷发胶定型。

图 4-72 卷第一缕头发

图 4-73 烫第二缕头发

（3）如图 4-74 所示，以"一顺一逆"的方法烫卷后区所有头发。

图 4-74 烫卷后区头发

步骤3 前区头发烫卷

(1) 如图4-75所示,用卷发棒将前区头发的发根烫至立起,以增加头发的厚度和立体感。

图4-75 前区发根立起角度

(2) 如图4-76所示,取第一片头发,以分缝点为中心斜分15°。用32号卷发棒发棒在上、铁片在下,与眉尾平行的位置夹住发片,以内扣外翻的手法烫发,即将所有头发卷入卷发棒进行水平烫卷,然后将卷发棒竖立起来停留5 s后,解下发片。

图4-76 烫前区第一片头发

(3) 如图4-77所示,以15°斜分的方式取前区右边第二片头发,用32号卷发棒以内扣外翻的手法进行烫卷,注意起烫位置要与第一片头发齐平。用同样的方法烫卷右侧第三层头发。

图 4-77　烫前区右侧头发

（4）如图 4-78 所示，以同样的方法依次烫卷前区左侧的头发。

图 4-78　烫前区左侧头发

步骤 4　刘海修饰

（1）如图 4-79 所示，梳顺前区头发，使刘海展露。将刘海拉起，发根立起；斜放卷发棒，卷棒在上、铁片在下，将刘海夹住；然后将刘海发片向后翻卷，并喷发胶定型。

（2）如图 4-80 所示，将卷好的刘海用气垫梳梳开、梳顺，与后发区发浪形状衔接。

步骤 5　造型调整

将头发梳顺、梳开，并调整发型的弧度，喷发胶定型。发型效果如图 4-81 所示。

图 4-79 刘海卷发

图 4-80 梳理衔接刘海造型

图 4-81 动感长发造型效果

佩戴简约款式的皇冠，造型完成，如图4-82所示。

图4-82 动感长发造型整体效果

培训单元3　西式风格新娘发型造型

一、甜美风格新娘发型造型

甜美风格新娘发型脸部周围的头发轮廓都以小曲线形态打造小量感特征，发色一般以亚洲人适合的暖色调为主。发型的质感柔和，量感轻盈，意象风格可爱娇俏，少女感十足。

甜美可爱风格新娘发饰一般选择鲜花、蝴蝶结等具有轻盈、减龄性质的样式。发饰的大小、颜色选择，以及佩戴位置的布局都需要与发型、服装呼应协调。例如，搭配羊毛卷发型的发饰须选择与服装色彩呼应的花朵发夹，以不对称、不规则的布局摆放营造发型层次的丰富感，使发型外轮廓形状饱满，体现活泼、俏皮的气质。

甜美风格的新娘发型适合蓬松的卷发造型，塑造轻盈氛围，富有层次的卷发刘海设计也能有效修饰脸形，突显妆容特点。此外，头发卷度大小多样、观感不一，大卷度适合温柔、优雅、浪漫的女性，而小卷度适合可爱、富有个性的女性，需要根据新娘的气质与风格做出准确判断。

制作卷发造型时须注意发型上下量感的协调性，一般从头顶开始烫发，增加顶区和两鬓的发量，收敛脸形，塑造头发的空气感。对于头发浓密的女性，可以考虑在造型前将头发染浅，改善厚重感。

甜美风格新娘发型造型

操作准备

1. 准备发型工具和用品。
2. 清理工位和镜台，用酒精擦拭工具，保证操作卫生。

模特形象如图 4-83 所示，年轻女性，身材娇小、丰满，比例匀称；面部结构略扁平，脸形略呈倒三角形；中长卷发，干性发质，颅顶扁平，有少量刘海。

图 4-83　模特形象

操作步骤

步骤 1　头发打底分区

（1）如图 4-84 所示，从耳朵外轮廓处将头发分为前后两个区域，前区略宽，约有一掌距离。

（2）如图 4-85 所示，将前区头发中分，用玉米须夹板烫发根处，使之蓬松。

图 4-84　分前后发区

图 4-85　烫发根

步骤 2　扎马尾

如图 4-86 所示，将后区头发在头顶处打毛，使之呈隆起状；取耳朵上方的头发，扎一个高马尾。

图 4-86　扎马尾

步骤 3　烫发

（1）如图 4-87 所示，将扎好的马尾分成左右两份，然后用卷发棒将左右两份的头发向外侧方向烫成竖卷。

图 4-87　烫马尾发卷

（2）如图 4-88 所示，在距离马尾根部 2~3 cm 处用皮筋扎起，将马尾向前拉起放平并固定；在马尾两个扎束点之间固定一个小发包，然后将马尾剩余头发盘绕在颅顶。

图 4-88　固定马尾

（3）如图 4-89 所示，将后区下层所有头发用卷发棒单一方向进行平卷，注意取发时每一缕头发发量不宜多。

图 4-89　烫后区下方卷发

（4）如图 4-90 所示，放下马尾的剩余头发，用手把烫好的头发抓开，使卷发上下纹理自然衔接，然后均匀喷发胶定型。

步骤 4　刘海烫卷

如图 4-91 所示，用卷发棒对刘海以内扣翻卷的手法烫卷，形成八字形空气刘海。

步骤 5　佩戴发饰

如图 4-92 所示，根据发型特征选择亮钻蝴蝶结发夹，错落有致地佩戴在前后发区之间。

图 4-90　融合后区头发

图 4-91　刘海烫卷

图 4-92　佩戴发饰

调整发型纹理，甜美风格新娘发型造型效果如图 4-93 所示。

图 4-93　甜美风格新娘发型造型效果

二、高贵风格新娘发型造型

高贵风格新娘发型给人端庄、古典的感觉，以各种包发、盘发为典型，发色一般以棕色、黑色等深色系为主。高贵风格新娘发型轮廓优美、完整，呈简约流畅的大曲线形，内轮廓则通过对发际线和刘海的修饰衬托脸形，表现精致感。

高贵风格新娘发饰一般选择镶有钻石、珍珠、水晶的皇冠、发带等，数量不多但璀璨华贵。皇冠常佩戴于头顶正中间，与庄重的风格相符合，高贵风格发型常在头顶分缝，方便固定皇冠、隐藏底座。对于正面看上去颅顶发量不够丰盈的新娘，选择大量感的华丽皇冠可以弥补发型轮廓的不足，在视觉上也能起到"头包脸"的均衡效果。

赫本包发型是高贵风格新娘发型的典型款式，其重点是塑造发髻的饱满、光洁。发型包发部分的外轮廓线条须与头部外轮廓线条衔接良好，形成头包脸的效果，有效修饰头形和脸形。在制作过程中可以采用假发与真发结合的方法，增加头发的量感，假发的质地、色彩须与真发一致，接缝不可外露。

高贵风格新娘发型造型

操作准备

1. 准备发型工具和用品。
2. 清理工位和镜台，用酒精擦拭工具，保证操作卫生。

模特形象如图4-94所示，年轻女性，身材适中，比例匀称；面部结构立体，椭圆形脸；长度至锁骨的中长发，干性发质，无刘海。

图4-94 模特形象

操作步骤

步骤1 头发分区

如图4-95所示，从耳朵外轮廓处向上分缝，将头发分为前后两个区域。

步骤2 制作后区发型

(1) 如图4-96所示,将后区头发在脑后"黄金点"处扎成一个马尾。

图4-95 分前后发区

图4-96 后区扎马尾

(2) 由于模特的后区头发长度不够,需要用假发延长。如图4-97所示,取一束与模特真发匹配的假发片,将假发片的底端与马尾根部扎在一起;然后在离马尾根部2~3 cm处用皮筋扎束,以便于固定。

图4-97 佩戴假发束

(3) 把马尾向前拉起放平,在第二个扎束位置下用发夹固定。由于衔接马尾的假发不方便打毛,因此在头顶区域固定一个小发包,代替打毛发包,起到支撑作用,如图4-98所示。

图 4-98　固定马尾、加填充发包

（4）如图 4-99 所示，将马尾余发向后翻折并梳理光滑，形成一个半圆形发包。

（5）将发包固定点以下的发尾用皮筋固定，向内翻折，藏到发包里面；然后将露在外面的发尾编成三股辫，拧绕成圆形，固定在发包后面，如图 4-100 所示。

图 4-99　制作发包　　　　　　　　　图 4-100　收束发尾

步骤 3　制作前区发型

（1）如图 4-101 所示，将前区头发左右中分；从前区右侧开始，水平取最上面的一层发片，用直板夹将发根直立成 90° 烫起，增加前区头发的量感。

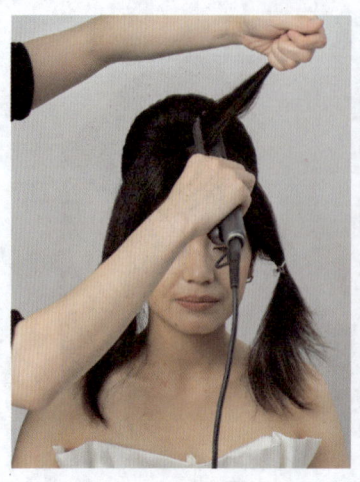

图 4-101　增加前区量感

（2）如图 4-102 所示，将右侧前区头发分为两层，先将上层头发梳光，向后扭转后固定在发包根部，然后调整发片弧度，形成下垂弧线；将下层头发向后拉直固定在发包根部。将右侧全部发尾都收掖到发包里面，完成后用发胶定型。

以同样的方法梳理左侧发区。

图 4-102　梳理前区头发

步骤 4　修饰鬓角

如图 4-103 所示，用卷发棒将鬓角的头发卷成 S 形弧度，增添新娘的柔美气质。

步骤 5　佩戴发饰

将银质雪花发饰佩戴于前后发区的交界处，并用钢夹固定，如图 4-104 所示。

高贵风格新娘发型造型效果如图 4-105 所示。

图 4-103　修饰鬓角

图 4-104　佩戴发饰

图 4-105　高贵风格新娘发型造型效果

培训单元 4　中式风格新娘发型造型

一、新中式风格新娘发型造型

新中式风格新娘发型温柔、典雅，兼具中国传统美学韵味和现代简约艺术审美，表现女性柔美、娴静的气质。新中式风格新娘发型款式简约，采用拧绕、打卷、包发、编发等手法在后区塑造饱满的发髻，发型整体轮廓干净，无冗余装饰，块面感强，纹理感弱，富有中式平面美学神韵。

新中式风格新娘发饰一般选用头冠、鲜花，以及由金银、玉石和绒花、缠花制成的簪钗步摇等。新中式风格新娘发饰可以为干净、整洁的发式造型增加跳跃感，营造喜庆氛围。佩戴冠状头饰可以起到增高颅顶的作用，两侧流苏的垂直线条则可以调节和平衡头面部上下大小对比格局，修饰脸形轮廓。

新中式风格新娘发型常以手打卷盘发造型来体现。发髻的高低参照新娘的脸形修饰需要，高髻可以提高重心、拉长脸形的视觉效果，显得精神饱满。在新中式风格新娘发型制作中应注意发卷之间的衔接，不能古板，不能松散，必要时可借助假发片辅助制作。每片发片都应梳理整洁，呈现头发乌黑亮丽、顺滑干净的效果。

操作技能

新中式风格新娘发型造型

操作准备

1. 准备发型工具和用品。

2. 清理工位和镜台，用酒精擦拭工具，保证操作卫生。

模特形象如图 4-106 所示，年轻女性，身材适中，比例匀称；面部结构圆润，饱满的椭圆形脸；中长直发，油性发质，无刘海。

图 4-106　模特形象

操作步骤

步骤 1　头发分区

（1）如图 4-107 所示，将头发分为前后两个区域，再将前区头发斜分成左右两部分。

（2）如图 4-108 所示，水平取发片，用玉米须夹板将发根处理蓬松。

图 4-107　前区分缝效果

图 4-108　烫蓬发根

步骤 2　扎马尾

如图 4-109 所示，将后区头发扎成一个高马尾，后区颈部发际线附近的碎发应用发蜡棒处理干净、服帖，没有碎发。

图 4-109　扎马尾

步骤 3　前区头发梳理

（1）如图 4-110 所示，将前区右侧发区的头发分片打毛，使之蓬松，然后将表面梳理光滑，并向后梳理。

图 4-110　梳理前区右侧头发

（2）如图 4-111 所示，将梳理好的前区右侧头发扭转，用发夹固定在马尾扎束点下方。

图 4-111　固定前区头发

（3）以同样的方式梳理前区左侧头发，并向后固定在马尾扎束点下方。

步骤 4　后区手打卷

（1）如图 4-112 所示，取马尾 1/3 发量的一片头发，用梳子梳通顺，并涂抹发蜡，塑造成光滑的扁平状；再将发片向上翻，用无痕夹固定；然后用皮筋扎住发尾，以连环卷的方法将发片翻卷成两小圈筒，并用钢夹横向固定，调整形状。

（2）如图 4-113 所示，用同样的手法将剩余的头发做成连环卷并用发夹固定，形成一个花状空心发髻；由于发量原因，发髻不够饱满，需要采用假发条增加发量；取一条假发，将假发条的一端固定在发环下马尾的位置，用手打卷的手法填充发髻空隙，做成一个饱满的椭圆形高髻，发尾露在发髻外。

图 4-112　做第一个连环卷

图 4-113　发髻制作

步骤 5　修饰发尾和鬓角

（1）如图 4-114 所示，用 28 号卷发棒处理手打卷时翘出来的发尾，将下区发尾向上翻卷、上区发尾左右翻卷，形成自然美观的 C 形弧度。

图 4-114　烫卷发尾

（2）如图 4-115 所示，用 28 号卷发棒以内扣的手法处理鬓角的发丝，将鬓角碎发卷成 C 形弧度。

图 4-115　修饰鬓角碎发

步骤 6　佩戴发饰

如图 4-116 所示，根据服饰款式色彩，取一支水蓝色系、带有琉璃流苏的绒花发钗，将其佩戴在头顶部右侧靠前的位置；再取一支同色系无流苏绒花发钗，佩戴在头顶部左侧靠后的发环缝隙内。错落的佩戴显得均衡、端庄素雅、活泼别致。

图 4-116 佩戴发饰

新中式风格新娘发型造型效果如图 4-117 所示。

图 4-117 新中式风格新娘发型造型效果

二、中式复古风格新娘发型造型

中式复古风格新娘发型往往融入大量的古典元素，发型要求圆润、饱满，厚实而不厚重，以突显新娘的福相和贵气。

中式复古风格新娘发饰通常含有凤凰、吉祥鸟、古典花冠、孔雀等元素，这些元素不仅具有深厚的文化底蕴，还能突显新娘的古典韵味和华丽感。

中式复古风格新娘发型造型时的细节处理尤为重要。例如，刘海的设计可以采用中分或齐刘海，中分设计时尚大气，齐刘海更显古典婉约。同时，发丝要求黑亮、光滑、整齐，无碎发，发髻样式多样，如低发髻、后垂发髻、高发髻等，都需要与饰品完美配合。

中式复古风格新娘发型造型

操作准备

1. 准备发型工具和用品。

2. 清理工位和镜台，用酒精擦拭工具，保证操作卫生。

模特形象如图 4-118 所示，年轻女性，身材适中，比例匀称；面部线条柔和，脸形略方；中长直发，中性发质，无刘海。

图 4-118 模特形象

操作步骤

步骤 1 前区头发打底

如图 4-119 所示，将所有头发用玉米须夹板烫至发根蓬松。

步骤 2 分前后发区

如图 4-120 所示,先将头发分为前后两个区域,再将前区头发以"左三右七"的模式三七分缝;将后区头发扎成一个低马尾。

图 4-119 烫发根

图 4-120 分发区

步骤 3 后发区头发梳理

(1)模特后脑扁平,需要增加量感,使之圆润。如图 4-121 所示,将后区头发内侧做打毛处理,形成后脑勺饱满、隆起的造型;然后梳光、梳滑头发表面,扎一个低马尾。

图 4-121 塑造饱满后区并扎马尾

(2)如图 4-122 所示,将后区马尾梳顺,取 1/3 发量的马尾发片,涂抹发蜡后整理成扁平状;然后用手夹住发片,向左上方翻卷成一个小圈筒,用钢夹固定;再将剩余的发尾头发往右卷，卷成一个圆筒后用钢夹固定。

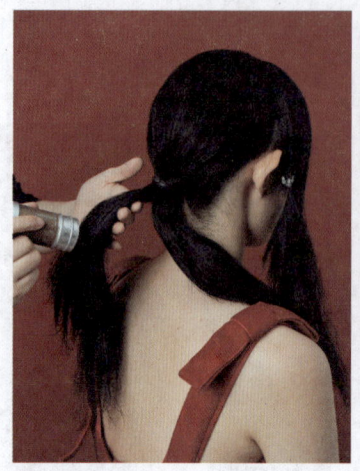 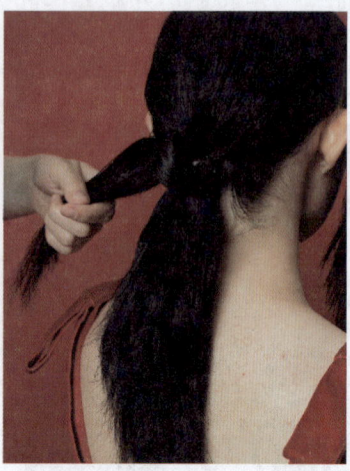

图 4-122 制作第一片发卷

（3）如图 4-123 所示，以打手卷的手法将剩余的马尾发片结合第一个发卷在后区绾一个横向的椭圆形发髻，喷发胶定型。

图 4-123 制作后区发髻

步骤 4　前发区手推波纹

（1）如图 4-124 所示，将前区头发以发缝为基准水平分层，做 90°平卷烫发，保证每个发卷大小、宽度一致，用无痕夹固定；待头发冷却后，拆除无痕夹，梳顺、梳开发片。

（2）如图 4-125 所示，将前区右侧头发先分出一片约一指半厚度的薄发片，梳顺后用左手夹住，右手持梳，与发缝线持平，从头顶开始向上推出第一个波纹弧度；然后用左手压住推好的波纹,右手取一枚无痕夹将隆起的发片两端夹住固定。再推第二个、第三个波纹弧度。

图 4-124 制作前区卷发

图 4-125 制作前区右侧手推波纹

(3)如图 4-126 所示,以同样的手法推完前区右侧发片。

图 4-126　初步完成前区右侧手推波纹

（4）右侧手推波纹初步完成，效果如图 4-127 所示。最后一个弧度处于眼尾附近，与眼妆呼应。手推波纹的发尾向耳后翻折，与长圆形耳廓构成最后一个弧度，与后区发髻衔接并固定。

图 4-127　右侧手推波纹弧度效果

（5）如图 4-128 所示，以同样的手法制作左侧头发手推波纹，发尾与后区衔接，固定在后区发髻附近。

（6）最后喷发胶定型。待发胶干后，取下无痕夹，用下暗夹的方法固定波纹形状。如图 4-129 所示，前区两侧手推波纹与后区发髻的衔接形态如同环绕头部一周的花环。如图 4-130 所示，发型正面效果线条流畅，发片光滑，结构立体，能很好地修饰脸形。

步骤 5　佩戴发饰

手推波纹发型的前区分缝处平坦，适合佩戴小型帽饰。如图 4-131 所示，根据发型款式和服装色彩，选择一个带有黑色发网的深红色帽饰，上缀珍珠，将其佩戴在前区分缝处，用发夹固定。佩戴帽饰时须注意动作轻柔，不要破坏前区手推波纹的纹理结构。

图 4-128　制作左侧手推波纹

图 4-129　前后发区衔接形态

图 4-130　发型正面效果　　　图 4-131　佩戴帽饰

中式复古风格新娘发型造型效果如图 4-132 所示。

图 4-132　中式复古风格新娘发型造型效果

职业模块 5
美甲设计与造型

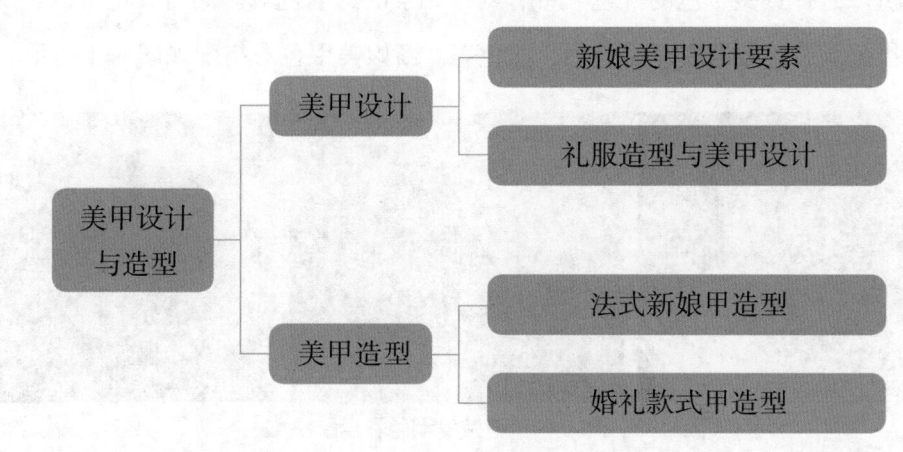

内容结构图

培训项目 1 美甲设计

培训单元 1　新娘美甲设计要素

一、色彩搭配设计

新娘美甲的色彩风格喜庆、柔美，与服装、化妆、发型和发饰造型相协调，西式风格新娘美甲可以选择柔和的粉色、自然的肉色、优雅的珍珠白、高贵的金色等，中式风格新娘美甲则可以选择点缀金色的红色、带有红色元素的透明色等。同时，也可以尝试一些独特的色彩搭配组合，如渐变色、跳色、撞色等。新娘美甲色彩搭配如图5-1所示。

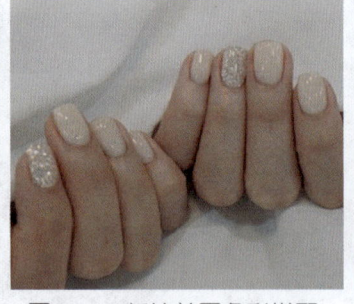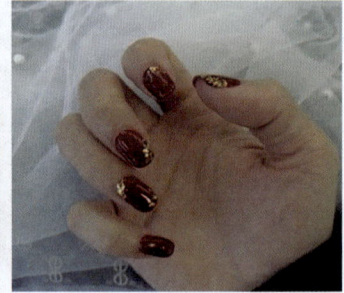

图5-1　新娘美甲色彩搭配

二、装饰元素设计

为了增加指甲的华丽感，可以添加一些装饰元素，如钻石、珍珠、蕾丝等，色彩选择应与指甲的底色、整体造型相协调，营造和谐、统一的美感，如图5-2所示。装饰元素可以通过贴纸、水钻等方式表现，但须注意避免尖锐饰品突出而划伤皮肤或划破服装。

图 5-2　新娘美甲装饰元素

三、图案设计

1. 为了增加指甲的趣味性和美感，可以在美甲设计中融入不同色相和质感的图案。图案设计以线条柔和、造型生动的元素为主，如花朵、蝴蝶、星辰、龙凤、心形等，可以通过彩绘、贴纸等方式结合少量装饰物来表现，如图 5-3 所示。

图 5-3　新娘美甲图案表现

2. 新娘美甲的图案设计应精致且富有变化，可以以同系列、不同款型的图案来表现，如每个指甲都绘有不同款式的图案。也可以采用有图案的指甲作为主体，其他指甲以简单的线条或者单色、渐变等作为辅助的表现方式。值得一提的是，新娘美甲的图案设计无须一味追求复杂、花哨，经典的法式甲就是简约的图案甲，如图 5-4 所示。

图 5-4　法式新娘甲

四、甲形设计

每个人的指甲都有其独特的形状和大小，因此要充分考虑新娘的手指粗细长短、自然甲形状大小、手形特点等综合因素，进行基于自然甲形的个性化美甲设计。

1. 自然甲

对于手指较短或指甲较短的新娘，可以选择一些简约而精致的图案和装饰，以突出指甲的长度和形状；而对于手指较长或指甲较长的新娘，则可以选择一些更加华丽和复杂的图案和装饰，以展现指甲的魅力，如图5-5所示。

图 5-5　自然甲美甲

2. 贴片甲

贴片甲具有矫正作用，可以通过外力改变指甲嵌入甲沟的情况，改善嵌甲，重构甲形。同时，贴片甲可以用来改善指甲的形态，表现圆、正、长度适中的理想甲形。贴片甲佩戴方便，可以用光疗延长、水晶延长和甲片延长等多种方法制作，华贵精巧，具有很强的表现力。

在新娘美甲中，贴片甲是一种常见的美甲设计方式，可以根据指甲的长度和形状设计不同风格的新娘主题美甲。对于指甲较短、形状较圆的新娘，可以选择一些简约而精致的贴片甲设计，如单色或双色的贴片搭配小巧精致的花朵、几何图案装饰，使指甲显得更加修长、有线条感。对于指甲较长、形状较尖的新娘，可以选择更加华丽、复杂的贴片甲设计。如图5-6所示，可以选钻饰或者立体贴纸等进行装饰，剔透的甲片搭配雕花、钻饰、立体贴纸，与西式婚礼的氛围和蕾丝礼服的装饰元素吻合，具有丰富的层次感和立体感。

图 5-6　新娘贴片甲

3. 延长甲

延长甲是一种通过增加指甲的长度和改变指甲的整体形状来改变手指整体外观的常见美甲技术，富有表现力且兼具透气性。在设计新娘美甲时，延长甲可以结合多样化的美甲技术制作，如贴纸、装饰品点缀可以营造光泽感和华丽感，内雕技术、立体雕艺技术则可以表现高级感和层次感等，如图 5-7 所示。

图 5-7　新娘延长甲

内雕技术是一种在指甲内部雕刻图形的技术，可使指甲看起来更加精致和独特。在设计新娘美甲时，可以在延长甲的指甲内部进行内雕，以增加含蓄、内敛的层次感和立体感，展现新娘典雅的气质。

立体雕艺技术是一种在指甲表面雕刻立体图案或装饰的技术，可使指甲看起来更加丰满和有质感。在设计新娘美甲时，可以在延长甲的甲面进行立体雕艺，以增加立体、精致的层次感，体现一种发散性的美。

培训单元 2　礼服造型与美甲设计

一、西式礼服造型与美甲

西式礼服的美甲造型分别对应婚纱礼服和晚宴礼服的造型需求，既要突出华丽和个性，又不宜过于花哨。

西式婚纱礼服以白色为主，美甲设计的底色应与服装色相接近，如米白、珍珠白等，衬托婚纱的纯洁和高贵感，如图 5-8 所示。图案设计可以采用精致的花卉、蕾丝纹样，表现线条感；也可以采用不对称的跳色设计，增加整体造型的华丽感。

西式晚宴礼服色彩丰富，美甲的色彩选择更为自由，可以根据服装的色彩选择相应的底色。例如，搭配红色系礼服的美甲设计可以选择深红色或酒红色作为底色，图案设计可以略夸张一些，以增加整体造型的热情和浪漫感。搭配黑色或深蓝色礼服的美甲设计可以采用渐变黑灰色作为底色，用银色闪粉和钻饰点缀，显得神秘又华丽，如图 5-9 所示。

图 5-8　西式婚纱礼服造型美甲

图 5-9　西式晚宴礼服造型美甲

二、中式礼服造型与美甲

中式礼服一般以秀禾装、龙凤褂、汉服为主，美甲设计风格或热烈、喜庆，或典雅、精致，展现中式风格独有的吉祥氛围。

在中国文化中，红色象征喜庆和吉祥，金色象征财富和荣耀。如图 5-10 所示，搭配秀禾装、龙凤褂等红金色系中式礼服的美甲设计可以红色为底色，用金色线条勾绘图案，与中式风格新娘的华丽形象相得益彰。此外,在中式婚礼延长甲、贴片甲的设计中,可以选用龙凤、云纹形象或意象图形,具有一定的抽象性,将华贵做到极致。

对于搭配浅色系汉服或其他色彩中式礼服的美甲设计,除了红金色美甲形式外,可以采用在透明底色上绘制国风款式的图案,如梅花、山水等,表现中式风格的优雅和精致,如图 5-11 所示。

图 5-10 中式礼服造型红色美甲　　图 5-11 中式礼服造型浅色美甲

培训项目 2

美甲造型

培训单元 1 法式新娘甲造型

法式甲是适配度最广的款式甲,典雅、含蓄、自然,表现手法多样,具有温柔女性气息的同时,也能很好地表现风格、表达个性。相比于日常生活中的法式甲,法式新娘甲款式所表现的自由度很高,长度可以根据新娘的喜好进行选择和搭配。

一、标准法式甲造型

标准法式甲是最常见的法式甲款式,它的特点是指甲前端呈现自然的弧度,两侧呈现直线状,整体看起来干净、利落,是其他法式甲的基础。高位法式甲是在标准法式的基础上,将指甲前端的高度稍微提高一些,使整个指甲看起来更加修长。大V法式甲是在标准法式甲的基础上,将指甲两侧的直线状改为V字形,增加一些变化和个性。花样法式甲是在标准法式甲的基础上,添加一些花朵、蝴蝶等图案进行装饰,使整个指甲看起来更加生动、有趣。

此外,新娘法式甲可根据新娘的手形与服装造型进行定制设计。标准法式甲适用于手形修长、手指纤细的新娘,可以选择与婚纱颜色相近的淡粉色或浅米色甲油,将指尖部分涂成白色,其余部分保持透明或淡粉色。高位法式甲适用于追求高贵典雅效果的新娘,可以将白色甲油延伸到指甲前端,形成一条细长的白色线条,使整个指甲看起来更加精致。大V法式甲适用于手形较短、手指较粗短的新娘,可以将白色甲油延伸到指甲两侧,形成一个明显的 V 字形,在视觉上拉长手部线条。花样法式甲适用于对美甲造型的个性化表现有特殊要求的新娘,可以在指尖部分添加一些装饰,如花朵、蝴蝶结等,以增加华丽感和个性。

标准法式甲造型

标准法式甲是所有法式甲创新的母体,其形态模仿理想的指甲样式,绘制白色的甲缘,圆润而整洁,如图 5-12 所示。

操作步骤

步骤 1　涂抹底胶

用笔刷蘸取底胶,按照"先中间、后两边"的顺序对整个甲片进行均匀涂抹,并在甲片前缘做包边处理,如图 5-13 所示,然后照光疗灯 30 s 进行固化。

图 5-12　标准法式甲

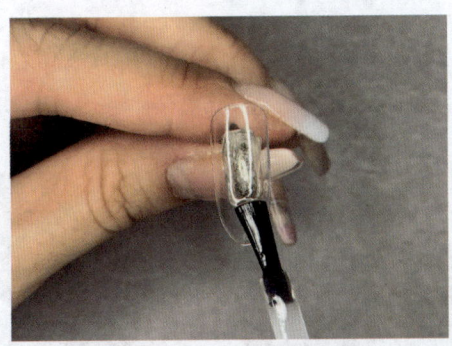

图 5-13　涂抹底胶

步骤 2　涂抹彩色甲油胶并固化

按"先中间、后两侧"的顺序在整个甲片上涂抹粉色(或粉透色)甲油胶,在甲片前缘包边,然后照光疗灯 60 s 进行固化。这一步骤须重复两遍,第二遍色彩更加浓郁,如图 5-14 所示。

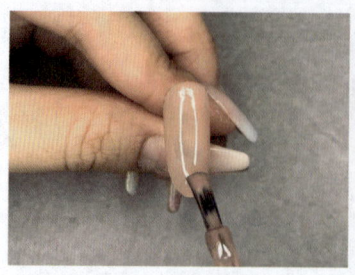
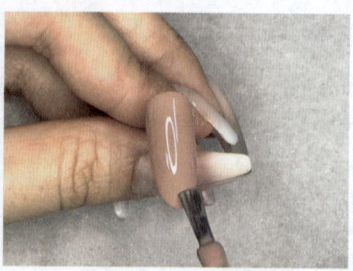

图 5-14 涂抹粉色甲油胶

步骤3　确定前缘弧度

用小笔刷蘸取白色甲油胶，画一条水平线，确定白色指甲前缘弧度最低点的位置；然后以白线为基准，以点为标记，确定两侧弧度最高点的位置，左右两点须对称、齐平，其操作如图 5-15 所示。

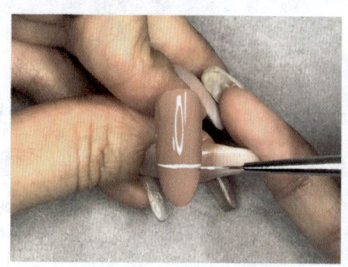
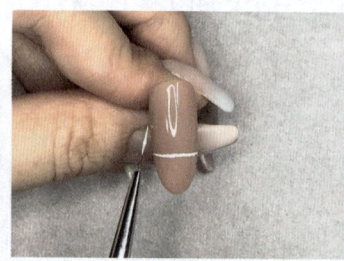
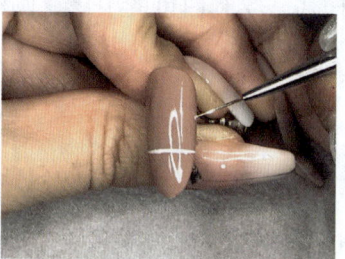

图 5-15 确定前缘弧度

步骤4　画法式前缘

用笔刷蘸取少量白色甲油胶，以刷头的侧角从两侧的最高点向中间的最低点方向斜向运笔，画出甲片法式前缘，如图 5-16 所示。注意两边弧线须光滑、对称、流畅。

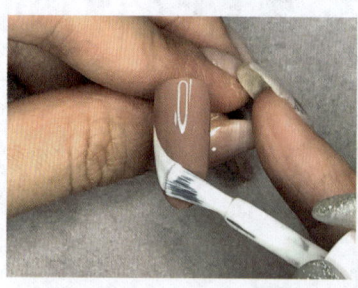
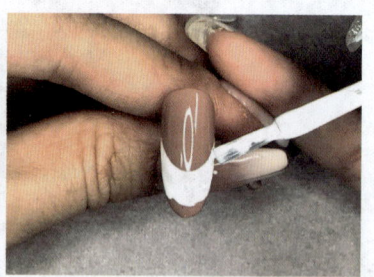

图 5-16 画法式前缘

步骤5　涂匀前缘部分并固化

用笔刷蘸取足量甲油胶，将甲片前缘白色部分充分涂匀，如图 5-17 所示，然后照光疗灯 60 s 进行固化。

重复一遍该步骤。

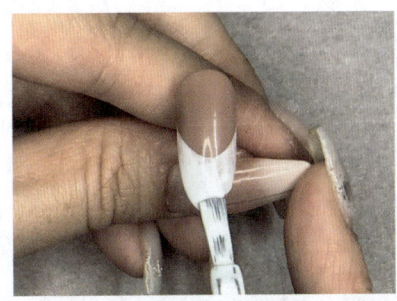
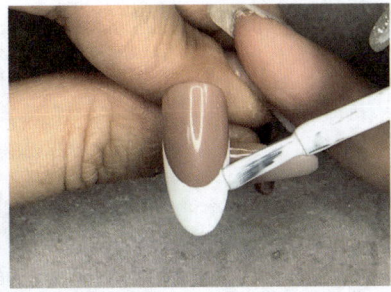

图 5-17 涂匀白色甲缘

步骤 6　涂抹加固胶并固化

用加固胶涂抹整个甲片并包边，如图 5-18 所示，照光疗灯 60~90 s 进行固化，使甲面平整。

步骤 7　涂抹封层胶并固化

用封层胶涂抹整个甲片并包边，如图 5-19 所示，照光疗灯 60~90 s 进行固化。

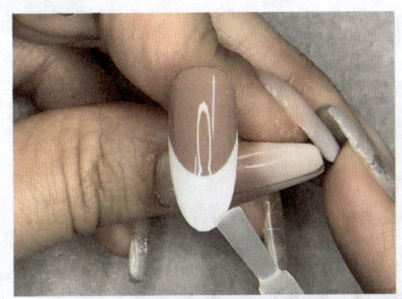
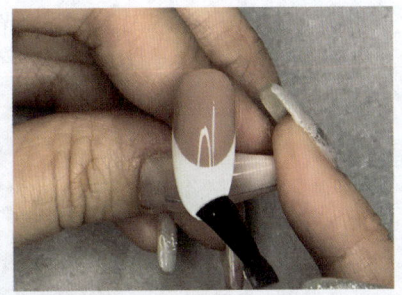

图 5-18　涂抹加固胶　　　　图 5-19　涂抹封层胶

标准法式甲制作完成，佩戴效果如图 5-20 所示。

图 5-20　标准法式甲佩戴效果

二、花样法式甲造型

花样法式甲具有标准法式甲的基本特征,在白色甲缘部分做图案化处理,具有较强的趣味性和装饰性。在此分别介绍 V 形法式甲和爱心形法式甲的制作方法。

V 形法式甲造型

如图 5-21 所示,V 形法式甲白色前缘的边缘为直线,呈 V 形,与圆润的甲形形成一定的对比,富有个性。

图 5-21 V 形法式甲

操作步骤

步骤 1 涂抹底胶

在甲片上涂抹底胶(见图 5-22)并照光疗灯固化。

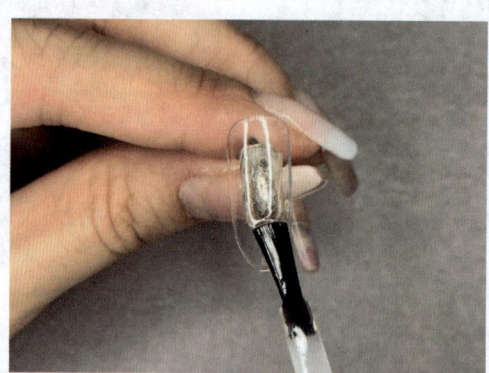

图 5-22 涂抹底胶

步骤 2 涂抹彩色甲油胶并固化

涂抹粉色(或粉透色)甲油胶(见图 5-23)并照光疗灯固化。该步骤操作两遍。

步骤 3 确定甲缘 V 形点位

用小笔刷蘸取白色甲油胶,以点为标记,在甲片正中间部位确定甲缘形状最低点,然后以此为标准确定两侧的最高点,两侧最高点须对称、齐平,如图 5-24 所示。

职业模块 5　美甲设计与造型

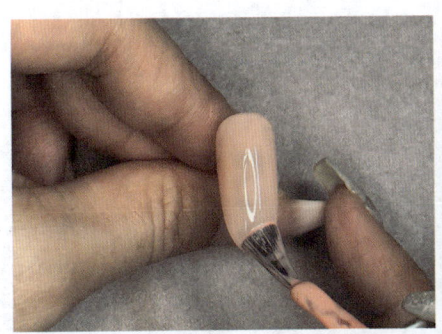
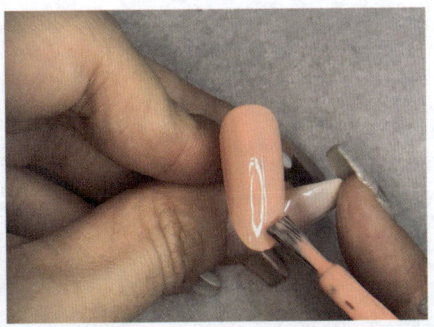

图 5-23　涂抹彩色甲油胶

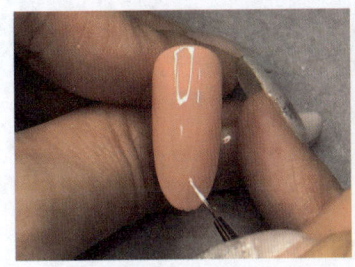
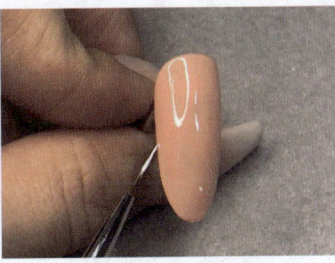
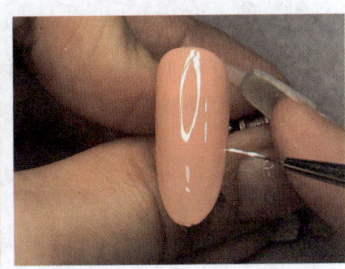

图 5-24　确定甲缘形状点位

步骤 4　绘制 V 形甲缘

用笔刷蘸取少量白色甲油胶，以定点为参考，利用刷头的直线侧角画出 V 形，注意两边对称，如图 5-25 所示。

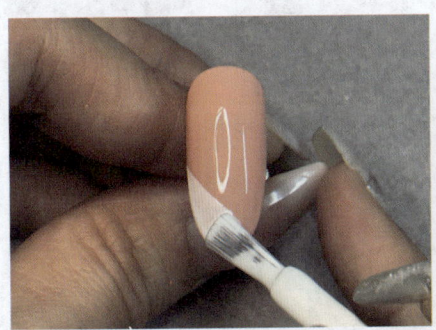
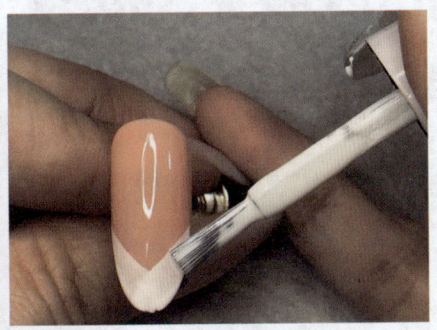

图 5-25　绘制 V 形甲缘

步骤 5　涂匀前缘部分并固化

用笔刷蘸取足量的白色甲油胶，纵向运笔，充分涂匀甲片的白色前缘并包边，如图 5-26 所示，照光疗灯 60 s 进行固化。

重复一遍该步骤。

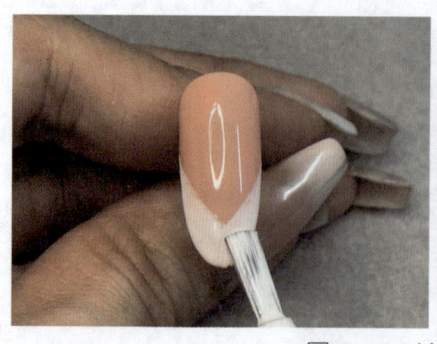
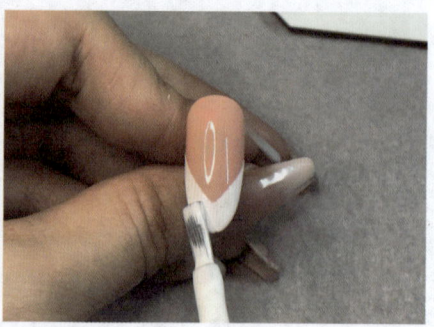

图 5-26 涂匀 V 形甲缘

步骤 6　涂抹加固胶并固化

用加固胶涂抹整个甲面并包边，如图 5-27 所示，照光疗灯 60 s 进行固化，使甲面平整。

步骤 7　涂抹封层胶并固化

用封层胶涂抹整个甲面并包边，如图 5-28 所示，照光疗灯 90 s 进行固化。

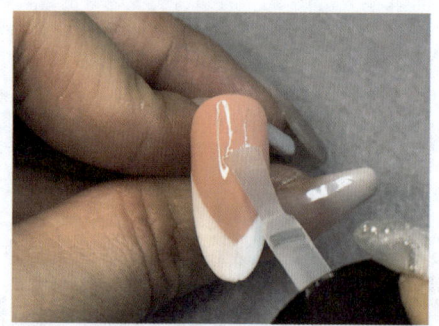

图 5-27　涂抹加固胶　　　　　图 5-28　涂抹封层胶

V 形法式甲制作完成，佩戴效果如图 5-29 所示。

图 5-29　V 形法式甲佩戴效果

爱心形法式甲造型

如图 5-30 所示，爱心形法式甲白色前缘的边缘为对称的弧线，呈圆润的爱心状，显得温柔、可爱。

图 5-30　爱心形法式甲

操作步骤

步骤 1　涂抹底胶并固化

在甲片上涂抹底胶（见图 5-31）并照光疗灯固化。

步骤 2　涂抹甲油胶并固化

在甲片上涂抹粉色（或粉透色）甲油胶（见图 5-32）并照光疗灯固化。该步骤操作两遍。

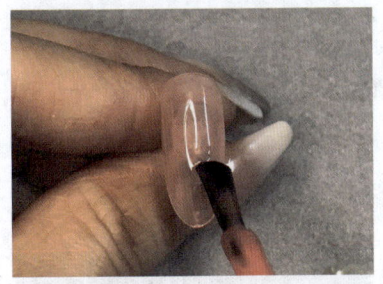

图 5-31　涂抹底胶

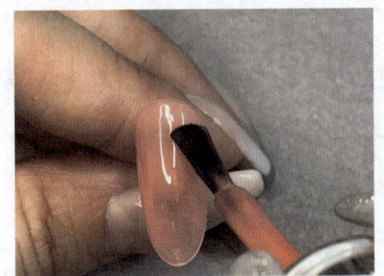

图 5-32　涂抹粉透色甲油胶

步骤 3　确定爱心形甲缘点位

用小笔刷蘸取少量白色甲油胶，以点为标记，确定爱心形甲缘的中间凹陷点和两侧抛物线最高点的位置，注意两侧对称，如图 5-33 所示。

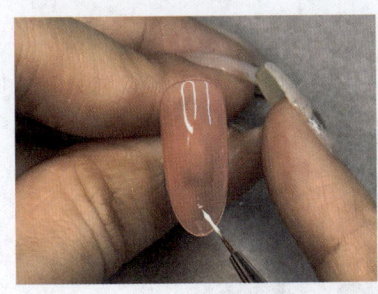

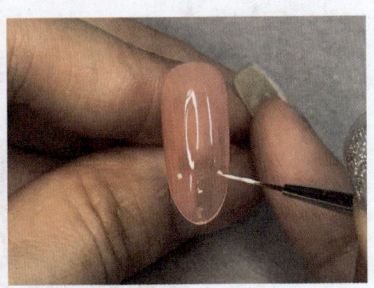

图 5-33　确定爱心形甲缘点位

步骤 4　绘制爱心形甲缘

用笔刷蘸取适量白色甲油胶，以中间凹陷点为界，以"左右—中间"的顺序初步画出爱心形甲缘的大致轮廓，注意两边对称，如图 5-34 所示。

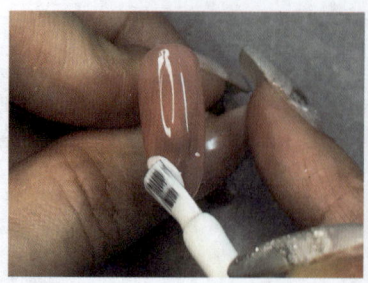 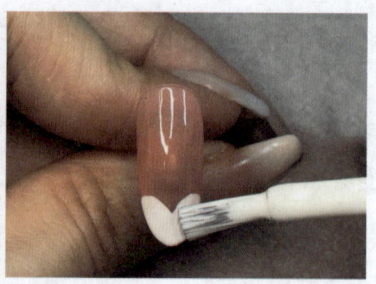

图 5-34　绘制爱心形甲缘

步骤 5　刷匀爱心形甲缘并固化

用笔刷蘸取足量白色甲油胶，均匀涂抹甲缘白色爱心部分，使之色彩均衡、边缘齐整，如图 5-35 所示，照灯光疗灯 60 s 进行固化。

重复一遍此步骤。

步骤 6　涂抹加固胶并固化

用加固胶均匀涂抹整个甲面并包边，使甲面平整，如图 5-36 所示，照光疗灯 60 s 进行固化。

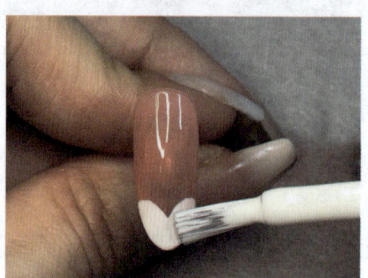 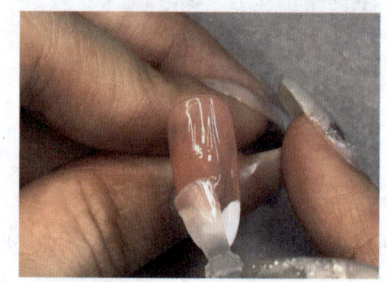

图 5-35　涂匀爱心形甲缘　　　图 5-36　涂抹加固胶

步骤 7　涂抹封层胶并固化

用封层胶涂抹整个甲面并包边，如图 5-37 所示，照光疗灯 90 s 进行固化。

图 5-37　涂抹封层胶

爱心形法式甲制作完成，佩戴效果如图 5-38 所示。

图 5-38　爱心形法式甲佩戴效果

三、融入装饰胶的法式甲造型

美甲装饰胶主要分为拉丝胶和猫眼胶两类（见图 5-39）。拉丝胶是一种具有特殊效果的胶水，可以呈现有纹理的外观，增加指甲的质感和美观度。猫眼胶是一种可以呈现类似猫眼石光泽效果的胶水，使指甲看起来更加闪亮、夺目。这两种胶水都是美甲的常用材料，可以单独使用，也可以结合使用。

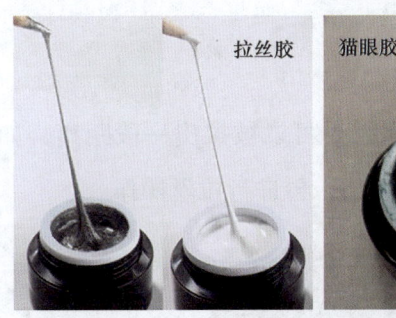 

图 5-39　美甲装饰胶

操作技能

拉丝胶法式甲造型

如图 5-40 所示，拉丝胶在法式甲面上形成自然的线条肌理，疏密有致，弧度平滑，胶体光泽，为法式甲增加了灵动的韵味。

图 5-40　拉丝胶法式甲

操作步骤

步骤 1　制作标准法式甲片

操作方式同"标准法式甲造型"，选用粉透色甲油，涂层略薄，如图 5-41 所示。

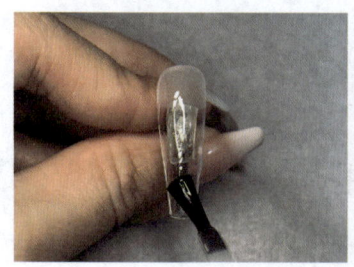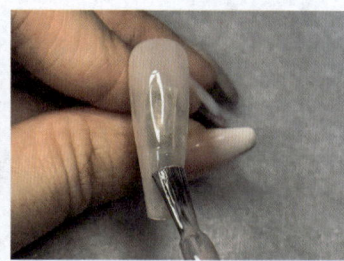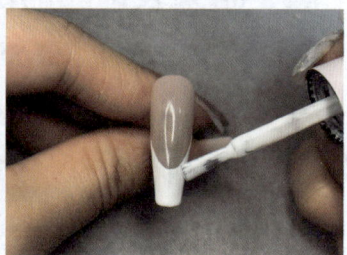

图 5-41　制作标准法式甲片

步骤 2　取拉丝胶

用榉木棒或牙签蘸取适量拉丝胶，确保胶体可以被拉出一段距离，如图 5-42 所示。如果无法拉出较长胶体，可以适当搅拌罐中胶体，再进行拉丝操作。

图 5-42　取拉丝胶

步骤 3　制作拉丝纹理

将拉出的胶丝快速放置在法式甲片上（见图 5-43）。胶丝可以根据设计方案制作成直线或弧线线条，用拉丝线条在甲面上形成纹理图案。完成纹理制作后，照光疗灯 10 s 进行固化。

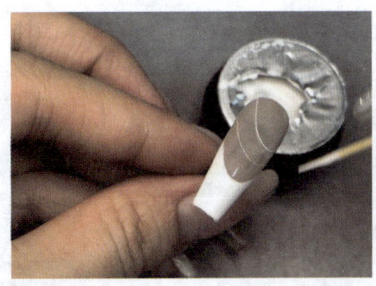
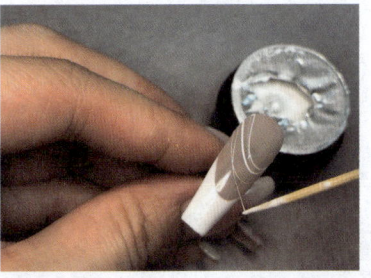

图 5-43　制作拉丝弧线纹理

步骤 4　涂抹加固胶并固化

用加固胶涂抹整个甲面并包边，使甲面平整，如图 5-44 所示，照光疗灯 60 s 进行固化。

步骤 5　涂抹封层胶并固化

用封层胶涂抹整个甲面并包边，使甲面平整，如图 5-45 所示，照光疗灯 90 s 进行固化。

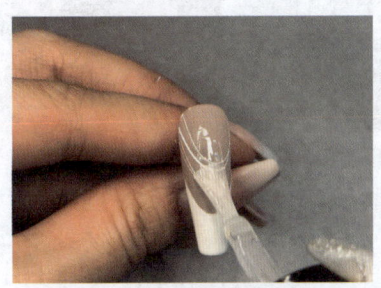
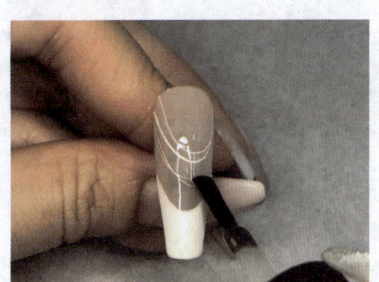

图 5-44　涂抹加固胶　　　图 5-45　涂抹封层胶

拉丝胶法式甲制作完成，佩戴效果如图 5-46 所示。

图 5-46　拉丝胶法式甲佩戴效果

猫眼胶法式甲造型

如图 5-47 所示,猫眼胶带有强烈的珠光光泽,在法式甲上形成清晰的光泽折射纹理,立体、梦幻,具有神秘的美感,为裸色底色的法式甲增添了强烈的色彩对比和丰满的视觉质感。

图 5-47 猫眼胶法式甲

操作步骤

步骤 1 制作粉色甲片

选择一枚尖形甲片,用透明底胶均匀涂抹整个甲面并包边,照光疗灯 30 s 进行固化;然后用粉色甲油胶涂抹整个甲面并包边,照光疗灯 60 s 进行固化,重复两次。制作粉色甲片如图 5-48 所示。

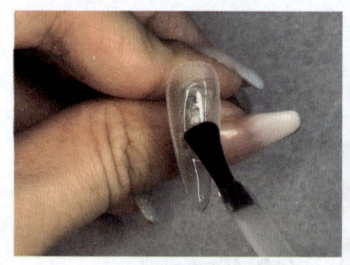 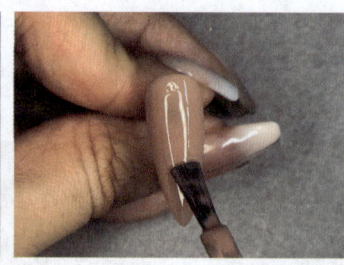 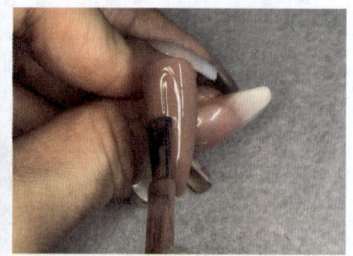

图 5-48 制作粉色甲片

步骤 2 涂抹猫眼胶

用笔刷蘸取足量的猫眼胶以"先中间、后两边"的顺序涂抹整个甲片并包边,如图 5-49 所示。

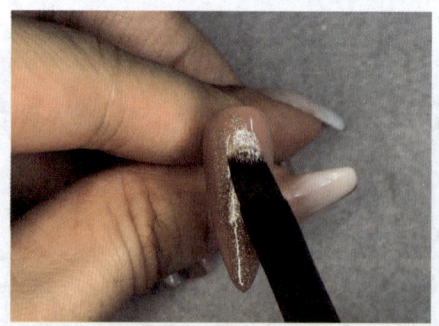

图 5-49 涂抹猫眼胶

步骤 3 制作法式"猫眼"光圈

根据设计方案,用吸铁石以"先左右、后中间"的顺序,在指甲前缘部分吸出法式甲特有的甲缘弧形光圈，如图 5-50 所示，照光疗灯 30 s 进行固化。

  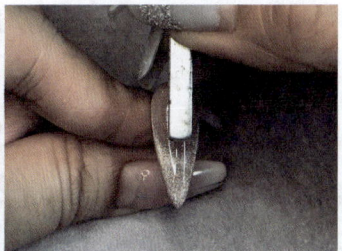

图 5-50　制作法式"猫眼"光圈

步骤 4　涂抹加固胶并固化

用加固胶涂抹整个甲面并包边，如图 5-51 所示，照光疗灯 60 s 进行固化。

步骤 5　涂抹封层胶并固化

用封层胶涂抹整个甲面并包边，如图 5-52 所示，照光疗灯 90 s 进行固化。

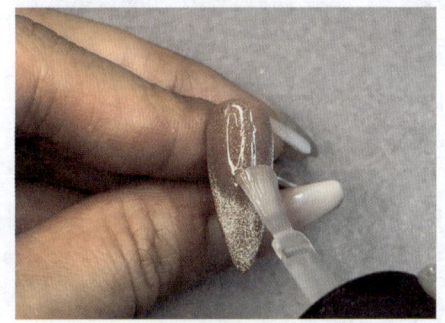 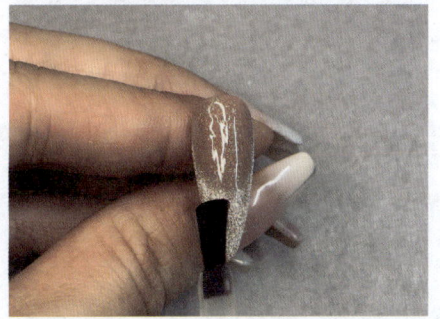

图 5-51　涂抹加固胶　　　　　　　图 5-52　涂抹封层胶

猫眼胶法式甲制作完成，佩戴效果如图 5-53 所示。

图 5-53　猫眼胶法式甲佩戴效果

四、融入转印纸、亮片的法式甲造型

如图 5-54 所示,转印纸和亮片是常用的美甲装饰材料,用来增加美甲的趣味性和个性化。转印纸是一种以将图案转印到指甲上的薄膜,能快速制作精细、美丽的美甲图案,适用性广、兼容性强。亮片是折射性很强的金属或塑料质装饰物,常用于美甲的点缀,制作闪亮、奢华的效果。

图 5-54 转印纸和亮片

转印纸法式甲造型

如图 5-55 所示,法式甲的基本款型不变,在原来涂抹粉色甲油胶的甲床区域使用玫瑰图案的转印纸装饰,使甲片既端庄、优雅,又喜庆、活泼。这样的花式法式甲可以搭配其他款型做跳色处理。

图 5-55 转印纸法式甲

操作步骤

步骤 1　涂抹底胶和粉透色甲油

用底胶涂抹整个甲面(见图 5-56)并包边、照灯。用粉透色甲油涂抹整个甲面并包边、照灯。操作方式同"标准法式甲造型",粉透色甲油只需涂抹一次。

步骤 2　涂抹转印胶

在法式甲的甲床区域涂抹转印胶(见图 5-57),照光疗灯 30 s 进行固化。形象设计师须对甲床和甲缘的范围做到心中有数,转印胶涂抹范围可以略向前超过甲缘线。

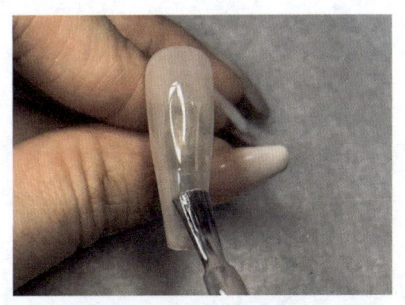 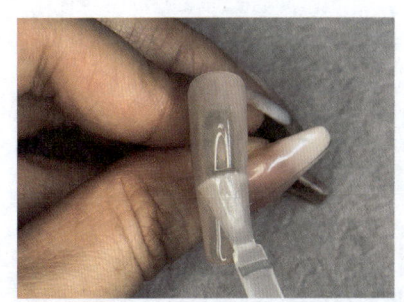

图 5-56　涂抹底胶　　　　　图 5-57　涂抹转印胶

步骤 3　粘贴转印胶

裁剪大小适量的一块转印纸，用镊子小心夹起，轻轻覆盖在涂有转印胶的甲面上，用笔压实，使转印纸与甲面充分贴合、没有空隙，如图 5-58 所示。

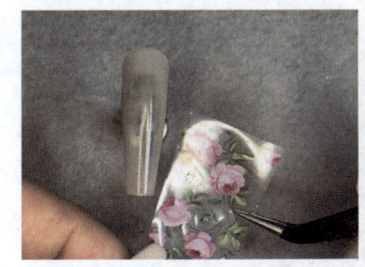  

图 5-58　粘贴转印胶

步骤 4　揭下转印纸

待充分贴合后，用镊子轻轻揭下转印纸，图案已留在甲面上，如图 5-59 所示。

图 5-59　揭下转印纸

步骤 5　涂抹加固胶并固化

用加固胶涂抹整个甲面，如图 5-60 所示，照光疗灯 60 s 进行固化。

步骤 6　绘制法式甲前缘部分

用白色甲油胶绘制法式甲前缘并包边，如图 5-61 所示，照光疗灯 60 s 进行固化。

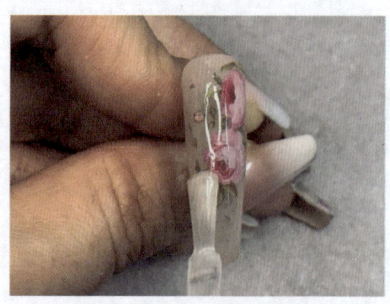 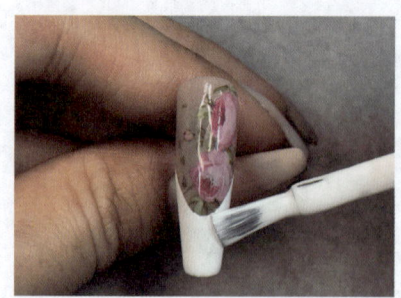

图 5-60　涂抹加固胶　　　　　图 5-61　涂抹法式甲前缘

步骤 7　涂抹加固胶并固化

用加固胶涂抹整个甲面并包边，使甲面平整，如图 5-62 所示，照光疗灯 60 s 进行固化。

步骤 8　涂抹封层胶并固化

用封层胶涂抹整个甲面并包边，如图 5-63 所示，照光疗灯 90 s 进行固化。

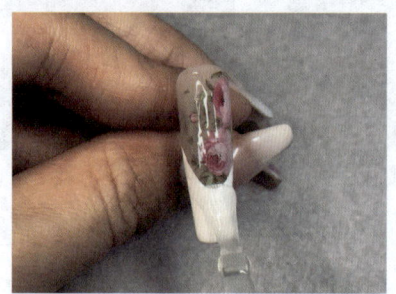 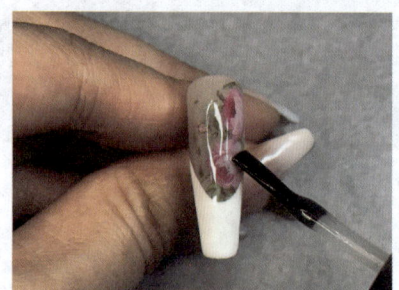

图 5-62　涂抹加固胶　　　　　图 5-63　涂抹封层胶

转印纸法式甲制作完成，佩戴效果如图 5-64 所示。此款美甲采用跳色组合设计方式，将转印纸法式甲用于食指和无名指上，与其他花式甲片搭配，成为亮点。

图 5-64　转印纸法式甲佩戴效果

亮片与法式甲的结合运用

如图 5-65 所示，亮片法式甲在标准法式甲的基础上，在甲缘与甲床交接处放置不同大小的亮片和亮粉，向甲根方向渐变至无，形成富有变化的华丽效果。

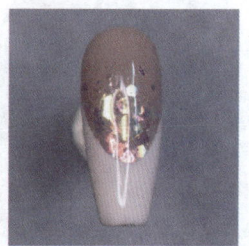

图 5-65　亮片法式甲

操作步骤

步骤 1　涂抹底胶和底色

用底胶涂抹整个甲面并包边，照光疗灯固化；用粉透色甲油胶涂抹整个甲面并包边，照光疗灯固化。涂抹底胶和底色如图 5-66 所示。

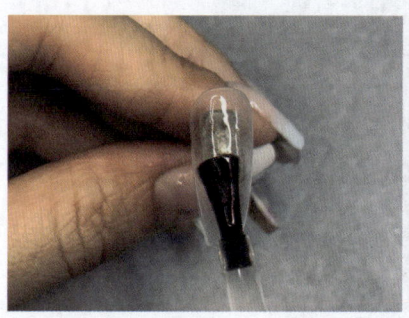 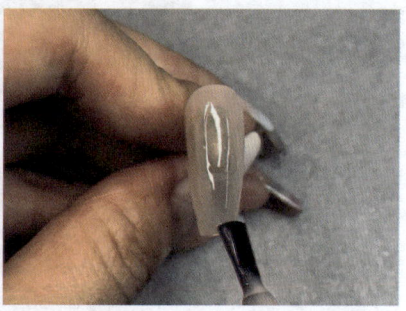

图 5-66　涂抹底胶和底色

步骤 2　薄涂底胶

在甲面上薄涂一层底胶（或加固胶），如图 5-67 所示，不照灯。

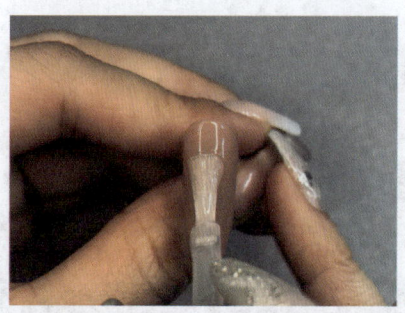

图 5-67　薄涂底胶

步骤 3　放置亮片

根据设计要求，用小笔刷把亮片放在法式甲甲缘沿线部位；注意不同大小的亮片应合理搭配，大亮片集中在甲缘沿线，小亮片向上过渡；较大的亮片要放平，如图 5-68 所示，照光疗灯 30 s 进行固化。

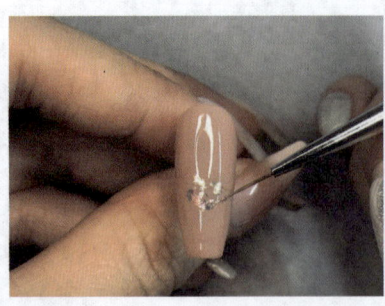 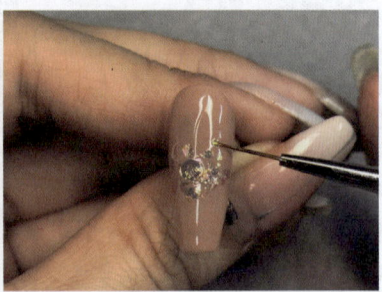

图 5-68　放置亮片

步骤 4　涂抹加固胶并固化

用加固胶涂抹整个甲面并包边，如图 5-69 所示，照光疗灯 60 s 进行固化。

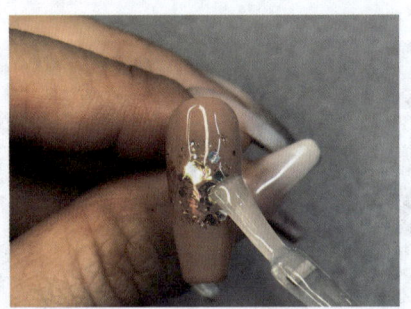

图 5-69　涂抹加固胶

步骤 5　涂抹法式甲前缘

操作方式见"标准法式甲造型"，前缘弧线压住亮片部分，使亮片如同"嵌"在白色前缘中，如图 5-70 所示。

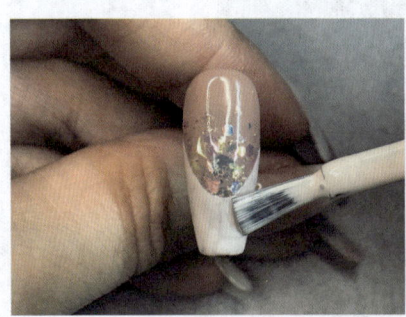 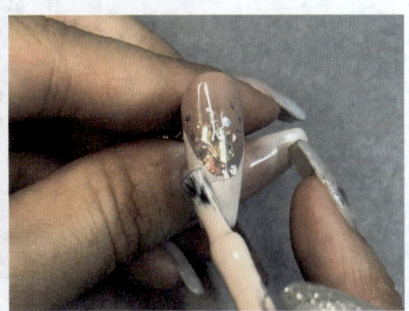

图 5-70　涂抹法式甲前缘

步骤 6　涂抹加固胶并固化

用加固胶涂抹整个甲面并包边，使甲面平整，如图 5-71 所示，照光疗灯 60 s 进行固化。

步骤 7 涂抹封层胶并固化

用封层胶涂抹整个甲面并包边,如图 5-72 所示,照光疗灯 90 s 进行固化。

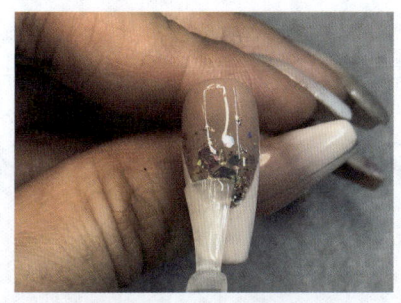
图 5-71 涂抹加固胶

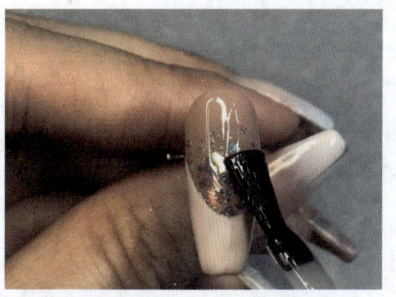
图 5-72 涂抹封层胶

亮片法式甲制作完成,佩戴效果如图 5-73 所示。此款亮片法式甲佩戴在食指和无名指上,与其他色彩、款式的美甲搭配,有跳跃感和华丽感。

图 5-73 亮片法式甲佩戴效果

培训单元 2　婚礼款式甲造型

一、西式风格新娘款式甲造型

西式风格新娘美甲一般搭配白色的婚纱礼服,色彩淡雅,多为粉色、白色系,以花式图案和装饰品进行点缀,富有肌理感和华丽感。

操作技能

甜美风格新娘款式甲造型

甜美风格的新娘美甲可以采用粉红、粉紫等高明度色系，以猫眼胶、贴纸等多种材料结合法式甲款式进行制作。

操作步骤

步骤 1 用底胶涂抹整个甲面并包边，如图 5-74 所示，照光疗灯 30 s 进行固化。

步骤 2 用浅玫粉色甲油胶涂抹整个甲面并包边，如图 5-75 所示，照光疗灯 60 s 进行固化。

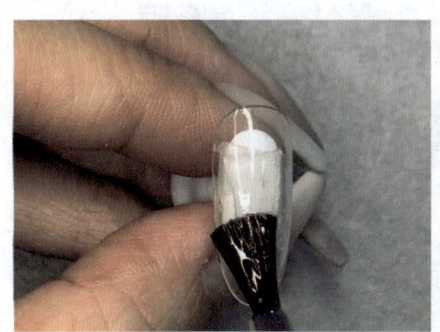
图 5-74 涂抹底胶

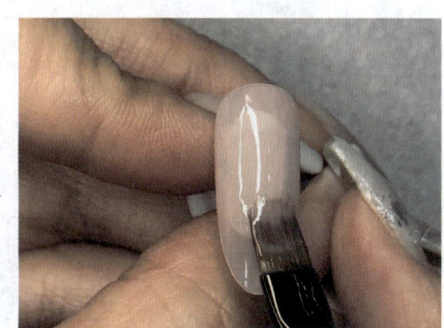
图 5-75 涂抹底色

步骤 3 用猫眼胶均匀涂抹整个甲面并包边，如图 5-76 所示。

步骤 4 用美甲磁铁将猫眼胶吸出宽光，形成丰盈的折射效果，如图 5-77 所示，照光疗灯 30 s 进行固化。

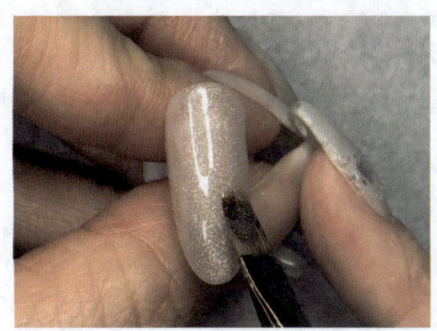
图 5-76 涂抹猫眼胶

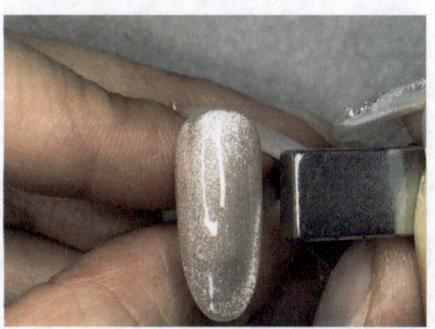
图 5-77 吸出宽光

步骤 5 用粉色色胶画出法式甲前缘,并涂匀包边,如图 5-78 所示,照光疗灯 60 s 进行固化。

步骤 6 用加固胶涂抹粘贴图案的部位,如图 5-79 所示。

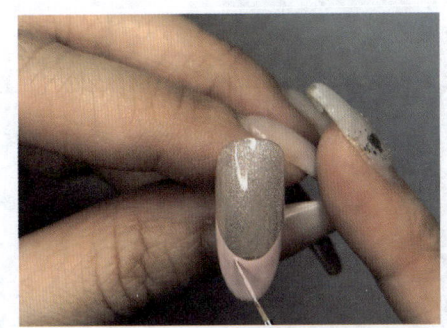
图 5-78 绘制法式甲前缘

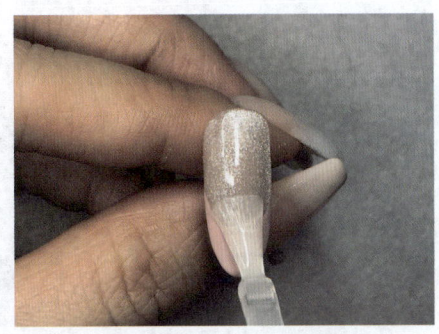
图 5-79 涂抹加固胶

步骤 7 从贴纸上剪下需要的图案,用镊子夹起,轻轻覆盖在涂抹加固胶的部位,用笔压至完全贴合、紧实,如图 5-80 所示,然后揭下贴纸薄膜。

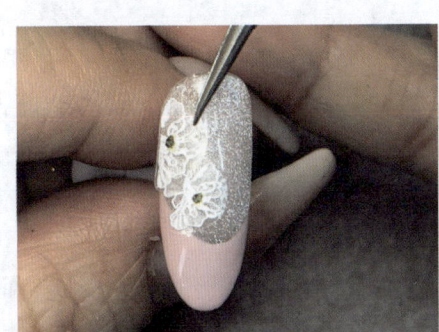

图 5-80 放置与压实转印纸

步骤 8 用加固胶涂抹整个甲面并包边,如图 5-81 所示,照光疗灯 60 s 进行固化。

步骤 9 用封层胶涂抹整个甲面并包边,如图 5-82 所示,照光疗灯 90 s 进行固化。

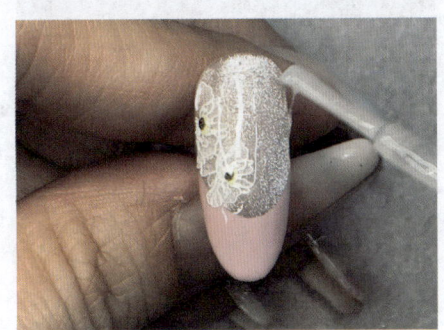
图 5-81 涂抹加固胶

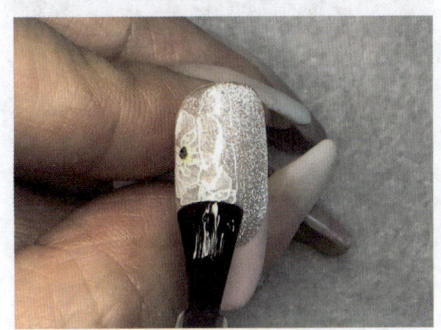
图 5-82 涂抹封层胶

甜美风格新娘甲制作完成，佩戴效果如图 5-83 所示。此款甲片与拉丝法式甲、转印纸美甲搭配，统一中带富于变化。

图 5-83 甜美风格新娘甲佩戴效果

高贵风格新娘款式甲造型

高贵风格的新娘美甲一般采用白色系制作，与西式婚纱礼服高度统一，尤其适合搭配缎面礼服，具有高级感。高贵风格的新娘美甲肌理层次丰富，运用图案与透明甲片对比、白色雕花肌理对比等手法最大程度地体现单色美甲的层次美感。

操作步骤

步骤 1 用底胶涂满整个甲面并包边，如图 5-84 所示，照光疗灯 30 s 进行固化。

步骤 2 涂抹一层加固胶后，用剪刀剪下转印纸上的图案，用镊子夹起，轻轻放置在甲面正中间部位，图案底端接近甲根，如图 5-85 所示，用笔将转印纸压实后，再用镊子轻轻揭下贴纸薄膜。

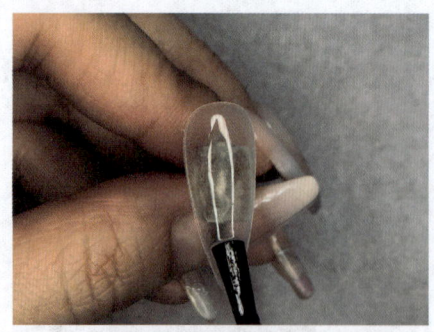
图 5-84 涂抹底胶

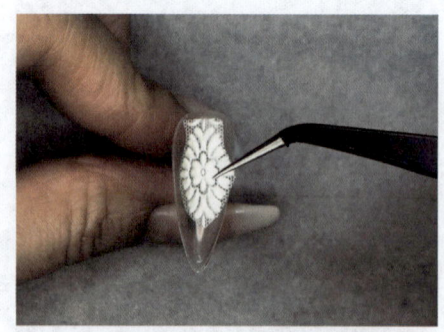
图 5-85 贴转印纸

步骤 3　用白色甲油胶绘制法式甲前缘,并涂抹均匀,如图 5-86 所示,照光疗灯 60 s 进行固化。

步骤 4　用加固胶涂抹整个甲面并包边,如图 5-87 所示,照光疗灯 60 s 进行固化。

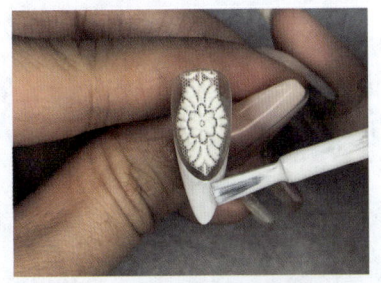
图 5-86　涂抹法式甲前缘

图 5-87　涂抹加固胶

步骤 5　用封层胶涂抹整个甲面并包边,如图 5-88 所示,照光疗灯 90 s 进行固化。

图 5-88　涂抹封层胶

高贵风格新娘甲制作完成,佩戴效果如图 5-89 所示。此款美甲与同色系单色甲、雕花甲、雕花法式甲搭配,具有丰富的变化,显得玲珑剔透。

图 5-89　高贵风格新娘甲佩戴效果

二、中式风格新娘款式甲造型

红金色系是中式风格新娘美甲最典型的代表款式,在喜庆的红色底色上点缀黄色、金色、银色的线条和图案,与中式礼服和中式婚礼场合衔接得天衣无缝。中式风格的新娘美甲注重色彩的纯度和图案的精致度,"囍"字、龙凤、花朵都是常见的中式风格新娘美甲图案,与中式民俗美学一样,有着独特的图案化的装饰感,独树一帜。

操作技能

中式风格新娘款式甲造型

操作步骤

步骤1 用底胶涂满整个甲面并包边,如图5-90所示,照光疗灯30 s进行固化。

步骤2 用红色甲油胶涂抹整个甲面两遍并包边,如图5-91所示。

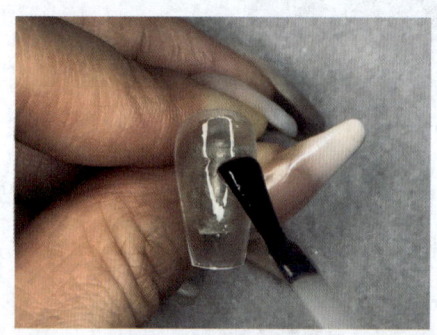
图5-90 涂抹底胶

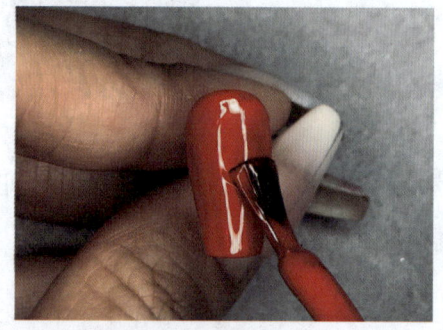
图5-91 涂抹红色胶

步骤3 用镊子取云锦贴纸,轻轻放置在红色的甲面上,贴纸集中在甲根附近,向前逐渐"由多至少"渐变,如图5-92所示,照光疗灯60 s进行固化。

步骤4 用加固胶涂抹整个甲面,使甲面平整,如图5-93所示,照光疗灯60 s进行固化。

步骤5 涂一层加固胶后,用剪刀剪下转印纸上的"囍"字图案,用镊子夹起,轻轻放置在甲面正中靠近甲缘部位,如图5-94所示。

步骤6 用笔将转印纸压实,如图5-95所示,再用镊子轻轻揭下贴纸薄膜。

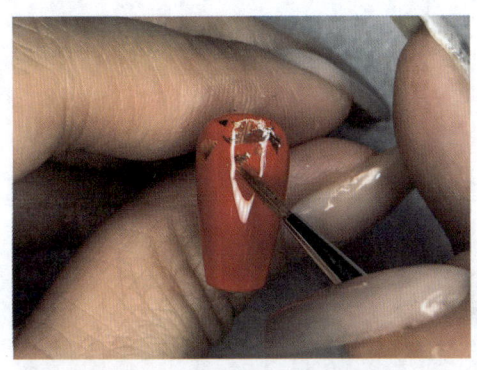

图 5-92　放置金色云锦贴纸

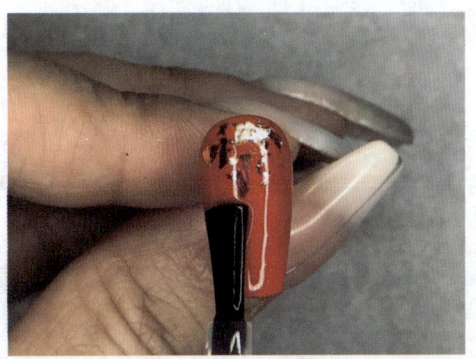

图 5-93　涂抹加固胶

图 5-94　放置贴纸图

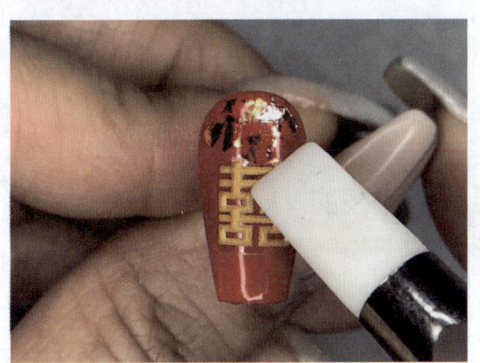

图 5-95　压实贴纸

步骤 7　用加固胶涂抹整个甲面并包边，如图 5-96 所示，照光疗灯 60 s 进行固化。

步骤 8　用封层胶涂抹整个甲面并包边，如图 5-97 所示，照光疗灯 90 s 进行固化。

图 5-96　涂抹加固胶

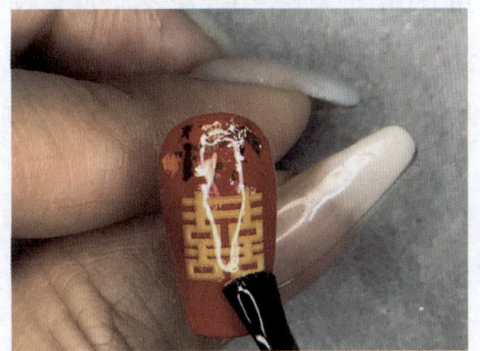

图 5-97　涂抹封层胶

中式风格新娘甲制作完成，佩戴效果如图 5-98 所示。此款美甲色彩丰富，与其他花色甲和金色亮片甲搭配，金红辉映，华贵无比。

图 5-98　中式风格新娘甲佩戴效果

三、甲片的粘贴与卸除

操作技能

甲片的粘贴

操作步骤

步骤 1　刻磨自然甲表面

用 180 号砂条轻轻在指甲表面刻磨，如图 5-99 所示，去除表面多余的角质和油脂。

步骤 2　清除粉尘

用粉尘刷轻扫甲面和两侧甲沟，清除刻磨产生的粉尘，如图 5-100 所示。

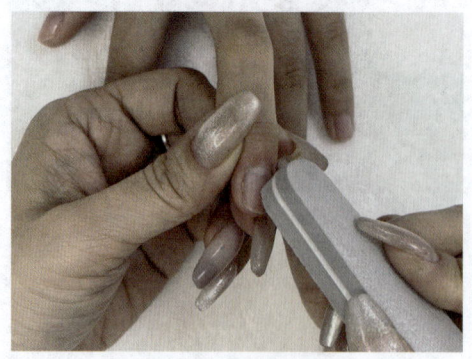

图 5-99　刻磨甲面

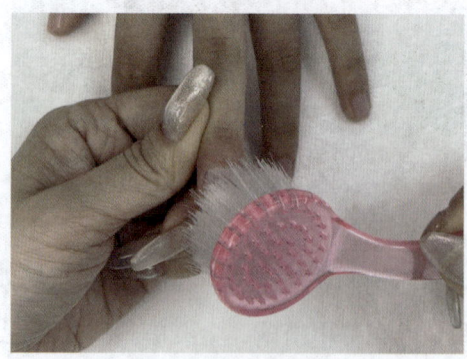

图 5-100　清除粉尘

步骤3 修整甲片形状

用100号砂条轻轻单向拉挫胶片,修整甲片后缘的形状,使之与自然甲后缘的形状相符合,如图5-101所示。

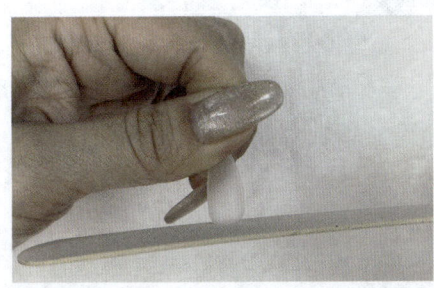 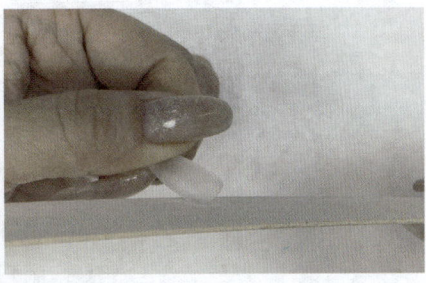

图 5-101 修整甲片形状

步骤4 涂抹胶水

在甲片背面靠近后缘位置滴胶水,用量不宜过多,如图5-102所示。

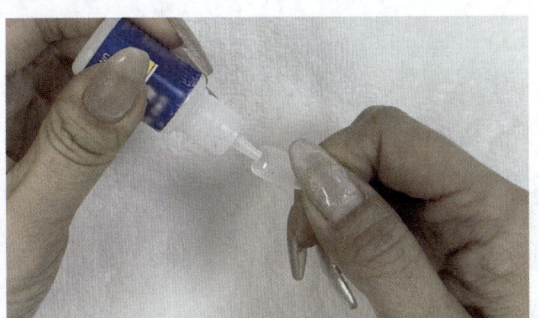

图 5-102 滴胶水

步骤5 粘贴甲片

一只手捏住新娘手指,另一只手轻轻捏住甲片的前缘,以一定角度将甲片后缘顶在自然甲的甲根处;然后将甲片向前轻压,使甲片贴合在自然甲表面;按压5 s,将甲片与自然甲面之间的气泡挤出,如图5-103所示。

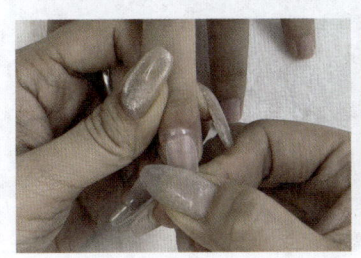 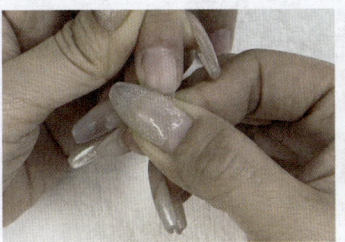 

图 5-103 粘贴甲片

甲片粘贴完成效果如图 5-104 所示。

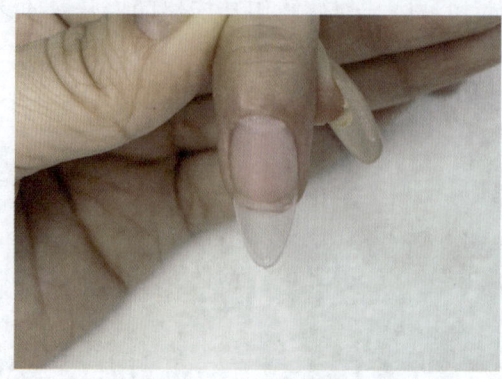

图 5-104　粘贴完成

甲片的卸除

操作步骤

步骤 1　剪短甲片

用指甲刀将指甲贴片剪短，长度至自然甲前缘，如图 5-105 所示。

步骤 2　贴敷卸甲棉球

用镊子夹起棉球，使棉球浸满卸甲水，如图 5-106 所示，然后贴敷在指甲板上。

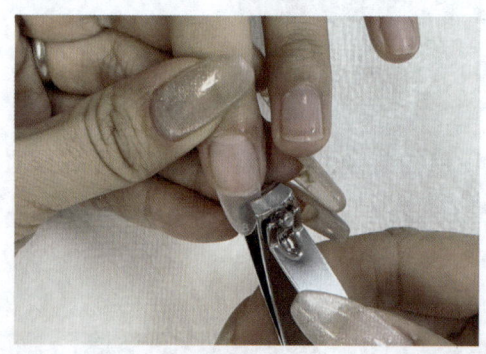　

图 5-105　剪短甲片前缘　　　　图 5-106　蘸取卸甲水

步骤 3　包裹锡纸

用锡纸将敷着棉球的指尖紧密裹起，保持 15~20 min，如图 5-107 所示。

步骤 4　去除包裹物

打开锡纸，去除棉球，如图 5-108 所示。

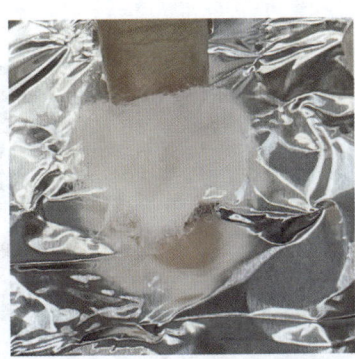

图 5-107　贴敷锡纸

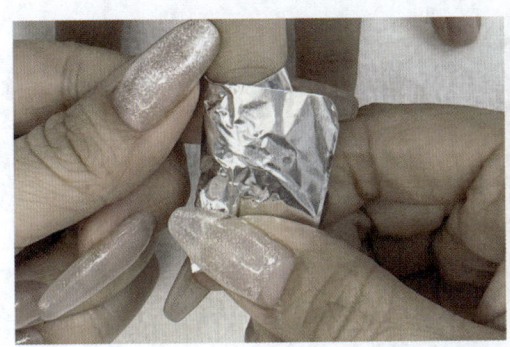
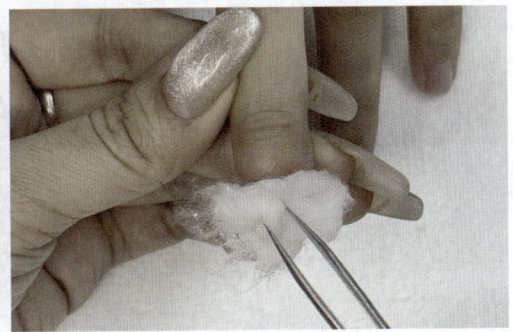

图 5-108　去除包裹物

步骤 5　去除甲片

用指皮推从甲根开始向外轻推，刮除甲片，如图 5-109 所示。

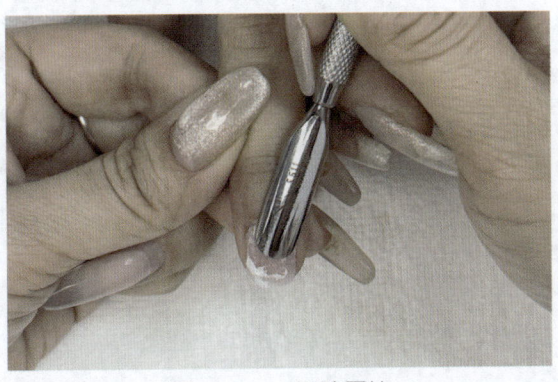

图 5-109　刮除甲片

步骤 6　清洁和抛光

用抛光条抛光自然甲甲面，去除胶水残留；然后用酒精棉片清洁指甲表面，如图 5-110 所示。

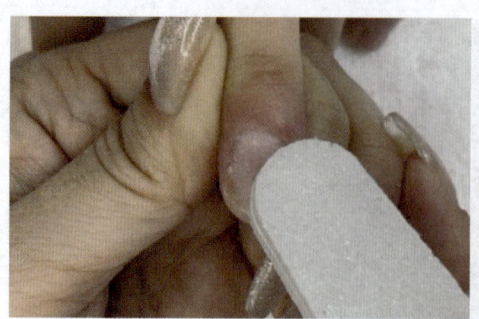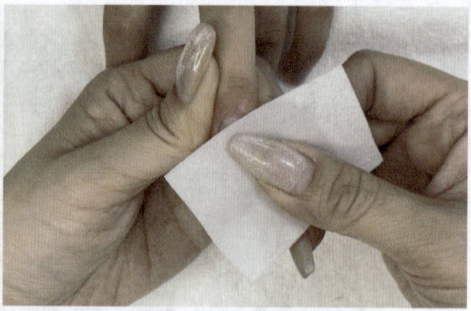

图 5-110　抛光与清洁

卸除完成效果如图 5-111 所示。

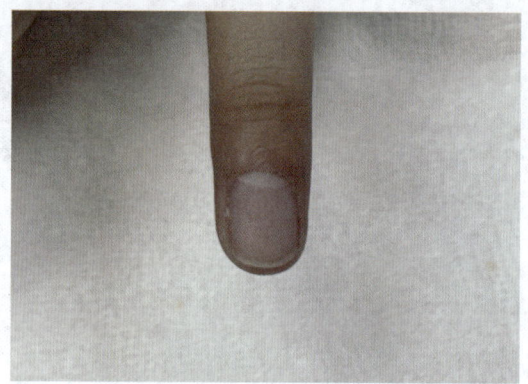

图 5-111　卸除完成